工作，剛剛好就好

阿飛・文

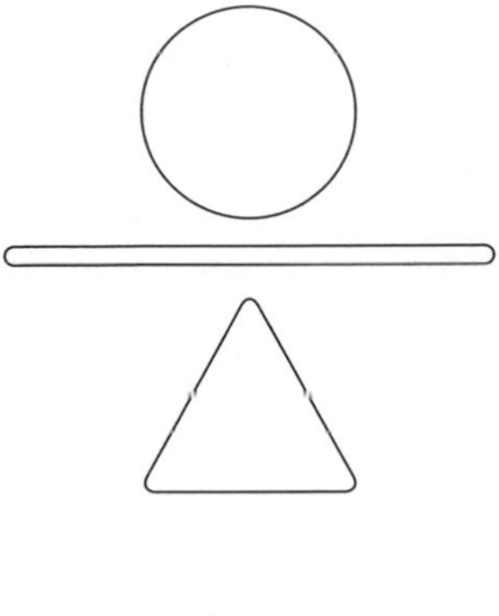

新版序

《工作，剛剛好就好》能獲得不錯的迴響，對我來說是非常大的鼓勵，畢竟我並不常撰寫職場題材的文章，也不是對工作很有熱情的人，更不是能力卓越或位高權重的人，只是單純想分享一些自己進入職場多年的經驗與感想，或許也因為如此，對於某些正在職涯中迷惘的人有一點幫助。出版後，不僅收到眾多讀者的反饋，還在誠品書店心理勵志暢銷榜待了好幾周的冠軍，感到意外且榮幸。

決定用《工作，剛剛好就好》做為書名時，還記得朋友說是否不夠「政治正確」，當時大部分職場主題的書名都比較激勵、鼓舞，或是叫人要努力、向上；而《工作，剛剛好就好》感覺就是不夠積極，好像在叫人不要拼命，軟爛過日子就好，似乎不符合多數人所認為對於工作該有的奮發態度。

《工作，剛剛好就好》的含義，並不是不必認真、不必努力，不是可以隨便處理工作、怠忽職守，也不像是最近流行的「安靜離職」，只做本分，其餘絕不多做。它真正的含義，是要懂得運用團隊合作，找到自己最有效率的做事方法，不過度追求完美，不用勞動時間長度來換取表現，該努力就好好做事，該放鬆就好好休息，鬆緊有度，維持健康的身心平衡，才能保持良好且長久的工作表現。

我向來不喜歡鼓勵人要把工作放在第一位，也討厭那種「尿尿沒變黃，就是不夠努力」的觀點。還好這幾年社會風氣逐漸轉變，越來越多書籍文章鼓勵大家注重身心健康與生活平衡，也有越來越多人開始認同拼命工作未必適合每個人。所謂成功，不是非要多麼飛黃騰達，真正需要的，是找到適合自己的生活型態與生命價值。

我們都要承認自己有極限的，疲憊是難免的，脆弱是難免的，混亂是難免的。無論多麼努力和優異的人，仍然有他的侷限和弱點。即使年紀增長，經驗多了，也不會變得十項全能、萬夫莫敵。我們不應該讓自己過度負荷，只要盡力做好，不必事事都想要一肩扛，因為我們的肩膀並不一定那麼耐操，偶爾也是需要休息和按摩。不斷地追求完美或拼盡全力，只會帶來很多壓力和不快樂，因此，對自己寬容一些，給予足夠的休息和充電時間，以便在未來能更從容地面對挑戰。

這本書不是叫你別努力工作，只是個提醒，別在忙碌中遺忘了自己剛踏入職場時的想望，並提供一些方法讓你在處理事情時能更有方向與效率。工作與生活很難真正取得平衡，但我們應該要開始重視，不要讓過度的工作壓垮了生活，同樣地，也不要讓不當的生活習慣去影響工作表現。無論是為了工作而活著，還是為了活著而工作，都稱不上是幸福。試著為了讓自己更好而工作，或是為了工作而讓自己變得更好，這樣的生活才沒有白費。

當然要認真努力工作，但該休息時，也要記得認真放鬆。

這些日子以來，不時有讀者詢問我一些關於職場關係與工作模式的問題，我整理了一些常問的主題，在新版的內容裡，增加了幾篇這幾年在工作的一些感想與做法，希望能對你有所啟發。

最後，再次期許我們：好好吃、好好睡、好好玩樂、好好工作。

阿飛／鍾文飛

目錄

輯一

心態

環境不會為你而變，只能調整自己的態度

輯二

關係

不要只會做人，但做人也是做事能力之一

輯三

方式

埋頭努力並沒有用，努力在對的地方才行

輯四

生活

生活不只是工作，善待自己才是最重要的工作

1

心態

環境不會為你而變，只能調整自己的態度

01 為了還能工作而抱持感謝

明明提醒自己要抱持著「享受每一天」的心情出門上班，但一到打卡鐘前又覺得工作好累、事情好多、主管好煩、同事好討厭……好想請假、不然遞辭呈好了。上班族的日子，大抵就是在這樣的心情中反覆循環度過，我也不例外。

畢竟人到了一定年紀，身體機能就會開始慢慢退化，有感於保持體能的重要，最近只要一有空閒我就會到家附近的體育場跑步。人難免會有惰性，持續了一陣子後就原形畢露，漸漸找各種藉口偷懶，今天是工作太累，明天則是天氣太冷太熱，有時乾脆大方告訴自己「今天不想出門運動，只想賴在沙發上滑手機」。

有一天，我內心掙扎了好一會兒才下定決心出門跑步，但是跑沒多久又開始懶病發作，想回家窩在沙發上吃零食、看日劇。正打算跑完半圈就回家時，看到三位老人家坐著輪椅，在場邊目光無神地呆望著體育場上運動的人們，而他們的外籍看護則在旁邊有說有笑。剎那間，有個感想湧上心頭：「如果不趁著自己還能動的時候，多走些路，多做些事，多看些地方，老了一定會後悔！」於是，我又多跑了兩圈。對，也才多跑兩圈。

有些人連走路都是妄想，更何況是工作。因此，還能走動、工作，能替自己賺取報酬，甚至從中獲得成就與實現夢想的我們，確實要珍惜這個機會、這段時光。要為了自己還能工作而開心，要為了自己還能替身邊的人有所貢獻而滿足。

人生每一階段，身處在不同的戰場，而不同的人，均有適合自己的位

 # 面試
類似相親的配對活動。雙方都在吹噓自己的條件，遇到欣賞的，就會開始不斷示好。

置。我們都有各自的想望、境遇、挫折、煩惱或焦慮。朝九晚五的上班族，有些人是為了收入與升遷而奮戰；有些人上班只是為了生活，休假時則擔任公益義工以奉獻自己的愛，從中找到價值；也有些人工作是為了心愛的家人，看到他們安穩又開心的面容，就是最大的滿足。

無論你目前身處在人生哪一階段、哪一處戰場，都要試著找出自己工作的意義與價值，有了意義與價值，你自然會為了能夠工作而感謝。

就像開頭所寫的，再樂觀的人，熱情難免會被生活裡的瑣事與工作中的挫折給消磨殆盡。**沒有人可以天天保持著正面積極的心情，性能再強悍的跑車，也不可能時時以最高速的狀態前進，而是在過彎時減速、在直線時加速，這樣才能安全抵達目的地。**工作如此，生活也是如此。

懂得一邊檢討、一邊好好完成工作的人，才能夠在職場有所表現；可以在大哭一場後再大吃一場的人，才能夠好好活下去。人生，本來就是無法事事如願順遂。

擁有好心情並不代表就不會想到討厭的事情，只是我們可以試著不讓討厭的事情影響自己的心情太久。

無論是工作或生活，突然感到無力是難免的，暫時被擊倒也無所謂，只要對自己保持著一點信心，只要對生活保持著一絲熱誠，不求馬上得到什麼大成就，只需要一點一滴地累積就足夠。

大叔便利貼

為了工作而活著，為了活著而工作，兩者都稱不上幸福。試著為了開心而工作，或是為了工作而開心，這樣的日子才沒有白過。

02

比起學歷與腦袋，影響表現的是態度

學歷當然有其價值，但絕不會是評斷一個人優劣的標準。一起工作久了，會發現有些人，心地善良、為人踏實、做事認真，我們並不會因為對方沒有好的學歷而掩蓋了優點；但，有些人，言行不一、為人惡劣、做事偷懶，我們也不會因為他擁有高學歷而看不見這些缺點。

學歷只能證明你上過學、考過試，卻無法證明你能力好、人品佳。

決定我們一生的是性格與心態，而不是考試的分數與名次，更不是你畢業的學校。聰明是上天給予的禮物，如果你不善加運用而糟蹋了它，甚至運用它來投機取巧、偷懶推諉，這完全不是助益，而是一種阻礙。這份天賦已經不是禮物了，是讓你成為空有頭腦卻不會善用的廢物。

我在職場上遇過不少畢業於知名學府、卻在工作表現連及格都稱不上的人。有的人是溝通應對能力很差，不是表現傲慢、出言不遜，要不就是說話冗長毫無重點；有的人是工作態度消極，不願多做點事、多承擔責任，只會在背後道人是非；有的人擁有靈活的腦袋與優秀的能力，可惜只想著與人競爭，擔心被人搶功，習慣與人計較，無法團隊合作，甚至成為團體和諧與向心力的破壞者。

相對的，我也看過很多雖然沒有顯赫學歷、卻在工作表現特別突出的人。我發現這樣的人有幾個共通點，比方說，願意承擔責任、善於處理負面情緒、邏輯清楚，以及願意團隊合作。如果你對於自己的學歷始終很在意，或是對於自己的能力一直沒信心，不妨試著參考上述的特點自我評估，在心態上自我調整。

 # 老闆
一種他覺得自己做得好棒、但員工其實都在心裡吐口水的人。

假使你已經為人父母，我想強調的，並不是讀書不重要，而是讀書之外，你的孩子更需要其他能力。大勢所趨，現在的企業不一定會考慮學歷，人格特質更顯重要，人際互動好不好？溝通能力好不好？抗壓性好不好？邏輯能力好不好？創意或領導能力好不好？這些才是你在孩子成長時更該注意的地方。

人生難免有起有落，考上最好的學校不等於擁有最好的人生；獲得最糟的成績也不等於將面對最糟的命運。心態與性格永遠比分數重要，聰明未必能解決任何問題，就算這次考試考了第一名，但孩子仍會在未來遇上不同的挫折與難關。能夠讓他度過那些關卡的，不會是學歷，而是面對挑戰的抗壓性、自信心與對於生命的熱忱，擁有這些能力的他即使跌倒了也能重新站起來，拍掉身上的塵土，重新昂首向前。

無論你在學校的成績如何，不管你的智商測驗分數多少，進入職場後，那些都將只是數字而已。

工作表現與人生成就全視你的態度而定，沒有人會在敷衍了事之中還能得到好的表現，也沒有人會在偷懶推諉之後還能得到好的成就。而做好份內的工作並不單單是為了公司，更重要的，是為你的未來鋪上穩固的基石。

優秀的學歷無法讓你或你的孩子幸福一輩子，但是正確的心態能夠讓你們腳踏實地過日子，我認為踏實認真的生活才是幸福的根本。

大叔便利貼

我們面對的，是活生生的人生，而不是硬梆梆的數字。你需要的，未必是安穩的環境與工作，而是穩定自己的心態與能力。

03

做好自己，別怪罪他人

你是否曾認為自己在公司遭受上級的不公平對待，在工作上經常感到被同事拖累、扯後腿；或者，你在職場中發現某些人對什麼都不滿，不是認為主管不公正、同事不願好好協助，就是感嘆周遭的人都過得都比他輕鬆。

當內心萌生出「自己是受害者」的想法時，容易會衍生出負面情緒，甚至出現無力感，不只是對於工作，有時連好好吃個飯都失去動力。為了排解這樣的情緒，有些人開始向其他同事抱怨，期望能從別人那裡取暖，一連串負面的言語，再加上哀怨的表情，自己覺得是取暖，但在我看來，根本就是自取其辱，只會讓其他人想與之保持距離。

喜歡怪罪、經常抱怨的人，以為這樣做可以突顯自己的無辜或他人的錯誤，往往適得其反，只會造成其他同事對自己的負面觀感。相對的，愛抱怨的人不易有好人緣，因為老闆與主管都不喜歡道人長短的員工，自然也不會把這樣的人放在重要、關鍵的職位上。

把錯誤都推到別人身上，可能是最簡單、最輕鬆的方式，但卻無法從中獲得成長的動能，只是讓自己原地踏步而已。我常說要接受自己的不完美，同時也要寬待別人的不完美。在自己所處的位置上做好事情，同時也要站在別人的角度思考問題。

或許，主管確實有處理不公的地方，每個人多少都會有自己的喜惡，在意的部分也不盡相同，當你認為他有失公允，也該思考自己完成的結果是否問心無愧，或者是哪些部分做得不盡人意。萬一，他就是不喜歡你這個人，那也該思考是什麼原因，能否有改善的空間？但也別妄自菲薄，不要為了迎

 # 勞工
這是現代說法，古時候稱為奴隸或僕人。這樣你應該就能明白自己的處境了吧。

合他人，而改變了原本該自豪的優點。

在工作上發生問題或造成錯誤時，別只顧著推卸責任、怪罪他人，無論別人在過程中的環節是否處理不周，最終的結果還是要由團隊共同承擔。已經造成的事實，即使出聲抱怨也無法改變，不如把抱怨的力氣用在彌補問題與修正錯誤上。

不出錯，只是好運，不是能力。出現錯誤了能夠好好解決，才是真正的人才。那些經常怪罪同事或抱怨夥伴的人，基本上是自私、不適合團隊工作的人。我們改變不了別人與環境，只能試著做好自己的本分，調整不足的部分，這不單單是為了工作，而是為了自己的未來做好準備。

任何環境，一定有它討厭與複雜的地方；任何工作，也一定有它困難與麻煩的部分。出現負面情緒時，當然需要發洩情緒的時間與空間，適當且適量的抱怨，是一種抒發情緒與意見的方式，確實可以消除心理上的不快與激動。但，**不要抱怨，不要怪罪，並不是刻意壓抑情緒，而是在適當的抒發之**

後，就停止負面的言語，讓自己重新歸零。然後，試著將不滿與不甘心轉化成正向的想法與前進的動力，針對問題做出有意義的改變。

不抱怨，並不是要你對別人的惡意逆來順受，或是對錯誤的事情忍氣吞聲，而是學習如何把於事無補的垃圾情緒，轉化成突破自我的積極能量。

你怎麼看問題，將決定你怎麼從負面情緒中解脫出來。是改變自己，還是讓負面情緒更加嚴重，拖垮自己？

大叔便利貼

別忘了，工作不是為了弄糟自己的情緒與生活，而是為了改善生活、累積未來。

04

專注在自己該做的、能做的就好

如果你問我怎麼做事情才容易有好表現與好結果，我會回答「專注」。

任何事都一樣，要試著將自己的思考簡單化，一旦有了太多的想法或選項，就容易出現猶豫不決的情形，無法判斷該做哪件事或先做什麼，或者貪心想要什麼都做，最後演變成什麼都做不好。請先確定好「一定要做」、「能做」或「想做」的事情，然後專心一致地把它們處理好，才會有足夠的精力去努力完成，也有良好的效率去妥善執行。

有些人似乎比較缺乏定性，看到朋友在做的工作好像很有趣，於是就想嘗試看看；或是看到別人做事的方式，帶來不錯的成效，因此，就認為自己改用別人的方式也可以做得到。但，每個人都有自己的性格與價值觀，也都有適合自己的習慣與做事方式。別人習慣的，未必是你喜歡的；別人喜歡的，未必是你適合的；別人適合的，未必是你該做的。別人喜歡的工作，不一定就是好的；同樣的，你不喜歡的事物，並不一定就不好。

我們對於「適合」的定義並不相同，每個人對於「該做的」看法也不一樣，不必用自己的價值觀加諸在別人，也不必將別人的做法套用在自己。

專注於自己能做的、該做的就好。就像是某個工具再好用，如果你不懂得如何運用它，也是枉然。**工作，並不會因為只能遵守某些規則才能完成，沒有人是一直遵從守舊觀念才能在職場生存。**最重要的是，自己要先有「做好某些事」的能力，並且努力發揮這項能力。

如果你現在正對於自己的工作表現不滿意，先不必急著懊悔選擇的工作

 # 錄取

得到一份可以讓自己幫老闆賺更多錢的工作；但很可能那份薪水連自己買份雞排都覺得是小確幸。

與處理方式不恰當，或許你選擇另一種工作或方法也還是不滿意。我們都習慣對於自己沒嘗試過的事物懷抱著不切實際的想法，與其自怨自艾，還是先專注於目前能夠處理的比較實在。

我曾寫過：「如果還不知道下一步往哪走，那就先把眼前的事情做好」。除了希望你能腳踏實地去面對現況，同時也提醒我們與其三心二意、搖擺不定，不如先專注在自己能處理的問題上。有時，遭受失敗與挫折，極大的原因在於自己的三心二意或貪得無厭。**不要在猶豫不決之中浪費了時間，不要在什麼都想做的情況之下失去了方向，在工作開始進行之前，就先抓出重點，再朝著那些重點努力前進。**

其實，任何工作都一樣，在好結果來臨之前，肯定得度過一段煩雜、疲累的時期，至於要多久，我也不清楚，或許還要再一陣子，但也可能明天就過去了。只要專注於自己所擬定的目標與方向，認真做事，虛心改進，然後，相信自己。

工作當然不輕鬆，過程也難免有波折，正因為經歷過這樣的階段，我們才會更加珍惜美好的成果。

大叔便利貼

能不能有良好的工作表現，不會決定於平順時的表現，而是面對忙碌時的態度。該專注時就專注，該放空時就放空，做好自己能做的、該做的，便問心無愧了。

05

勇敢面對錯誤，那是重返成功的契機

對我來說，真正的人才不只是擁有處理工作的能力與效率，而是他能在遭受挫敗與發生錯誤後不會一蹶不振，之後還能夠重振旗鼓。一個人勇於任事當然很棒，但勇於認錯、懂得檢討更是難得。

真正能力優秀的人不代表不會出錯，只是他們不會讓錯誤的事情影響到未來的人生。

企業想要的人才，並不奢望是處理任何工作都完美無暇，那是不切實際的。更重要的是，要**懂得處理犯錯之後的心情，不讓負面的情緒影響到對下一件事情的判斷，從失敗中再獲得成功的動力。**在成為一個能力卓越的人之前，請先試著做一個能認清自我能力不足的人，這是在職場上必須具備的態度。當我們明白自己不是無所不能、隨時都有可能出錯，心裡有了這樣的準備，做事自然會更加小心細節，也不會因為眼前突發的失誤而亂了步伐。

如果不跌倒一次，便永遠不明白自己的缺點在哪裡；面對問題並解決之後，再爬起來往前走，才會更清楚原來還有進步的空間，並且督促自己持續成長。

即使你已經犯錯了，也不必過度自責。**每個人現在的成功，都是用過去的失敗換來的，不必給自己太大壓力。面對錯誤，也是調整步伐的契機。**請記得，就算是超人，也會出現力有未逮的事情。犯錯是任何人、任何時刻都可能會發生的，重點是記取教訓，不要再犯同樣的錯誤。真正糟糕的是連自己犯了錯都不知，還不願承認錯誤，或是一直不斷發生同樣的錯。

 # 團隊合作

一種高難度行為。可以讓你明白老鼠屎不只很多顆、而且還很大顆，以及原來自己的能力有這麼棒。

遇到挫敗與打擊，如果心中感到有點丟臉，表示自尊心還是有的；若是有一些悔恨，那代表還是有進取心；假使內心有不服氣，證明自信心還沒遠離。從這些角度來看，你不會那麼輕易就被摺倒，因為你有堅強的內心。

我們都有各自的問題與煩惱，就算解決了，很快又會有新的問題與煩惱。每個人都一樣，我們無法事前做好準備，每天都會出現全新挑戰，依然還是走了一步又一步，過了一關又一關，所以別擔心，雖然不容易、不輕鬆，就算一時遭遇逆境，一切都會過去的。

面對錯誤，就算這次被三振了，下次上場打擊再好好把握就好。最重要的是懂得修正，站上打擊區才有揮棒的機會，不斷三振，就有可能被換下場，千萬別一直用同樣的方式與心態，要重新調整策略，打不出長打就試著用短打。

隨著經驗的累積，你會慢慢發現，可貴的不是自己能夠保持優勢、不斷獲勝，而是終於懂得適時認錯，然後從挫折中逆轉勝。

一直勝利的是能者，不過，能夠在失敗中不被擊倒才是強者。

認錯，是不容易的事，唯有願意面對現在的錯誤與逆境，累積寶貴的經驗，日後才能步上正確的成功之道。

大叔便利貼

工作時，不用一直想著要有好表現，反而要想著如何不犯錯，才會有好表現。犯錯也不用急著改進，先試著接受，反而比較容易改進。

06

總是抱怨，只會讓你與失敗為伍

有次我參加了由出版社舉辦的作家餐會，當天出席的來賓臥虎藏龍，有剛上大學已有好幾本暢銷書才華橫溢的年少作家，有新創公司的創辦人、企業執行長、專業律師、料理老師、甜點師、插畫家、瑜伽老師與攝影師等，都是各領域的達人專家。隔行如隔山，與他們認識、交流，除了分享彼此對於寫作的感想，也粗略了解到不同領域工作的運作與甘苦，讓自己得到不少收穫。

他們雖然都已是能力出眾的大內高手，但待人處事卻依然謙虛、隨和、願意傾聽也樂於分享，並且積極學習與擴展人際關係。這些達人專家之所以能在各自領域裡成為箇中翹楚，除了本身的才華與能力之外，還有另一個非常重要的原因，就是有不卑不亢、勤學好問、想讓自己成長也讓身邊的人變好的態度與人生價值。

當天結束後，在回家路上，突然想起曾經在職場上遇過的人，完全別於餐會上的作家們；沒有謙遜的處事態度、積極正向的價值觀，那樣的人讓我避而遠之，但也值得寫出來讓大家引以為戒，提醒自己千萬不要成為那樣失格的人。

○總是看不起他人的成就

在他們的思維與邏輯裡，別人的成功通常是因為運氣好、家世好、關係好，而自己的失敗往往都是運氣差、家世差、缺乏人脈和資源。

彷彿一個人之所以事業有成，不是運氣好、搭上順風車，就是有個有錢

 # 隔行如隔山

一種「你以為是那樣，接觸後才發現原來是這樣」的職場感嘆。這樣的感想也時常發生在男女往來之間。

的老爸支持，或是靠了什麼特殊關係搭上線才成功。之所以能升職加薪，不過是接了幾件本來就能成功的案子，要不就是很會對老闆拍馬屁。

從不會正面去看待別人的成就，只會一直強調自己沒錢沒運沒人脈，抱怨這個世界不公平、老天從不給機會，卻不懂得分析他人如何成功，也沒想過自己的問題該如何改善。

真正有本事的人，即使在不公平的條件下，也不會怨天尤人，而是努力想辦法讓自己脫穎而出。

○ 只會抱怨，不會改進

與他們一同工作時，心情總是很差，因為會聽見對方不斷的抱怨，例如，同事排擠人、故意不幫他的忙；主管只聽老闆的命令，不聽他的建議；或是客戶很討厭，不懂還裝懂等等。

我曾跟這樣的人共事過，有一次實在忍不住了便問對方：「既然這份工作這麼糟，怎麼不考慮換工作？」

他回：「我很想，不過我缺錢啊，不能沒工作，現在工作難找，我也不知道要做什麼。」

接著，又是一連串的抱怨環境、批評社會。適度的抱怨是一種發洩，有益身心健康，可是一味指責身邊的一切，自己卻不思改進，陷入無止盡的負面迴圈裡。只期待社會變好、環境變好、別人變好，難道你沒有責任讓自己變好嗎？與其等待那些無法控制的人事物改變，不如起身從自己做好開始。

○只會說，卻不去做

那些人常會說出這樣的話：

「那個人被稱讚的事，我也知道怎麼做，只是沒機會做而已。」

「如果那件事讓我來做，我一定做得比他好，只是我不想而已。」

出張嘴說自己很行，不如起身開始做，證明給大家看。與其抱怨自己沒有機會表現，或是看不起別人做出來的成果，不如積極爭取表現的機會；等到換自己執行時，也不要只會動口說得滿嘴好本事，而無法真正做出一件好差事。

懂得怎麼做是一回事，動手做又是另一回事，很多時候是實際執行後，才能明白箇中問題，再從經驗裡學習、成長。

自怨自艾，怪天怪地怪別人，並不能改變什麼，只會讓自己因為鴕鳥心態而選擇忽視問題，待在「不滿」的牢籠裡卻自我感覺良好。**其實，牢籠並沒有關上門，只是自己不想踏出去，但是不踏出那一步，將永遠看不到外面的風景。**若是一直把自己困在不知反思的井裡，坐井觀天，永遠只能與失敗為伍。

大叔便利貼

不懂得反思、反省，就像是在人生路途中不知該怎麼走的人。而懂得虛心受教，懂得反省自己，就是一種成長的力量，能讓自己變得更好。

07

為了好好工作，更要好好玩樂

不可否認，工作很重要，面對工作，我們必須付出勞力、腦力、技術與創意來換取報酬，然後用辛苦得來的酬勞打造自己理想的生活。然而，我非常不喜歡鼓吹大家「工作第一」的言論，以及那種「因為你不肯犧牲多一點的時間，才無法成功」的觀念。

工作有成就固然很好，但它絕對不會是衡量一個人成功與否的唯一要件。而且，想要有良好的工作成效，更需要良好的休息品質。

有人盡力把工作當成一切在生活著，也有人把生活當成工作過日子，這兩者皆不可取。無論如何，都要讓工作與生活取得平衡，才有機會擁有成就感與幸福感。有時候，我們只顧著埋頭拼命工作，只知道不能偷懶，卻不明白值得努力的目標是什麼，到最後沒有得到心中真正想要的，反而是努力地摧毀自己的健康。

請記得：**別以為某些事、某些人很重要，但他們再怎麼重要，也比不過你自己重要。**

我曾經閱讀過工作狂的相關研究報導，報告指出，休假對於熱愛工作的人在面對工作相關思考與情緒的調整上，具有正面的效果。長時間的假期確實可以讓工作者有好好復原的機會；而且重返工作崗位後，還能恢復到比之前更佳的水準表現。

休息，不代表無所事事；輕鬆玩樂，並不代表放縱或懶惰懈怠，而是願意正視內心的疲乏，以及為了保有對於夢想的動力，這些都在提醒：不要太

 # 勞基法
你以為它是維護勞工權利，其實是在保護老闆的資產。

過虧待自己。

千萬不要認為「休假玩樂好內疚」，休假是你的權利，到底有什麼好內疚的？不要想著「自己可能會被取代」，如果你的能力這麼容易被取代，那是否該換工作了呢？也不要認為「我不在就沒有人可以處理」，你真的沒那麼偉大，這世上沒有什麼是非你不可的。沒有做不完的事，只有做不完事的人。大部分的問題不是我們的工作如何，而是抱持的心態如何。

如果在休假時沒有好好安排、好好放鬆、好好充電，反而會讓自己容易胡思亂想，可能會感到焦慮、孤單，或沒安全感，既然都有時間能休息了，請妥善安排，找出適合自己的假期計劃與休息方式，避免出現「休假不知做什麼，乾脆回去工作好了」這樣的想法。

休息，不是浪費時間，反而是善用時間，那是下一個驚嘆號前的頓號，那是下一段直線衝刺前的過彎，那是下一次躍起前的蹲低。

有些解決不了的問題，在平時忙得手忙腳亂的日子裡，光是處理眼前一件接著一件的鳥事就已經耗盡全力，根本沒有多餘的心力可以思考那些問題。反而是在放鬆休息的時段，可能是在閱讀實用的文章、欣賞怡人的美景之後，沒有其他煩惱的事情擾亂，也沒有急迫處理的壓力，就這樣靜下心來，腦中便會出現如何破解難題的方法。許多靈光乍現，都是在這樣極度放空的時候跑出來，嚇你一跳。

我曾經說過：「真正的愛自己，不是自私，而是在不影響他人的前提，願意善待自己，正視自己的感受，無論環境或遭遇如何，你還是會選擇好好過日子。」無論工作對你來說多麼重要，若沒有好好照顧到自己的身心狀態，沒了健康，你不只沒了工作，也同時沒了人生。

大叔便利貼

如果你真的愛自己，將來想要擁有美好的日子，記得隨時提醒自己——有想法就實行，有責任就承擔，有委屈就表態，有空閒就休息。

08

自尊是工作應有的氣度，但自大卻不是

我在工作場合也遇過一些態度傲慢的人，面對外包廠商窗口時口氣輕蔑，宛如對待家中的下人；面對新進同事時口氣不耐，彷彿對方是個虧欠他的人；面對主管或資深同事時，卻畢恭畢敬，態度判若兩人。

我認為有些驕傲自大、勢利現實的人，應該是因自卑過度演變而來的。因為他對於自己的能力沒有信心，下意識擔心手上的工作會被人搶去，害怕自己的表現不如人，因此，總不由自主地以惡意情緒對待比自己位階低的人，用奉承態度對待地位比自己高的人。

做任何工作都該保有尊嚴，不要委屈自己也不該逢迎拍馬，靠著奉承高層或許可以換得好處，相對地，也失去了他人的尊重，還有對於你個人工作能力的評價。如果你的能力確實很強，也要記得鋒芒別過分外露，讓同事、主管感到芒刺在背，而且要隨時提醒自己以謙和的態度待人。

「能者心善，善者力強」。**能力強大的人，用和善的態度待人，身邊的人不會感覺他是威脅；而心地善良的人，身邊的人都願意挺身相助，力量自然強大。**

對工作保持自信，也要維護自己的尊嚴，但，沒有任何工作可以偉大到看不起人，也沒有任何工作是卑微到被人瞧不起，只要是合情合理合法，工作都有其存在的價值與意義。不要目中無人，也不必妄自菲薄，做好眼前該做的事就是功德圓滿，能夠有機會貢獻自己的能力就算造福社會。

我發現，有些人在工作多年之後會被公司淘汰，有一部分的原因是自己長期原地踏步而沒有跟上。人生沒有想像中那麼難，但社會也沒有想像中好

 # 特休
字面的意義是「特別難休到的假」。

混，或許，我們可以用原本的工作模式與專業知識在過去生存下去，可是，商業行為模式與社會運作不可能永遠都不變，因此，隨時都會出現嶄新的方法與知識需要我們去適應、學習。

如果一直抱持著自己資深、經驗老道的想法，遲早會被職場給淘汰，被市場所驅逐。對於自己不懂的事情，開口向懂得的人請教，就算是比自己資淺的人也無所謂，反而是越年長、越資深的人更需要低頭向人學習。要承認自己的不足並不容易，不過，正因為不容易，願意謙虛向他人學習才顯難能可貴，而自以為是與不求改進則是自取滅亡的主因。

所有的工作都圍繞著「人」，因為「人」而運作著，因此，工作的問題與解決方案都在於人。想要在工作上不被淘汰有所進步就開口問人吧，問你的客戶、問你的主管、問你的同事、問你的親友、甚至問身旁的陌生人，總會有人可以讓你學習、成長。

或許你已是資深老鳥、企業中堅，就算如此，也不要忘了自己初入職場的緊張感，不要忘了自己第一次負責工作時的不安感。無論我們對於目前手上的工作多麼駕輕就熟，不管我們對於現在身處的環境多麼輕鬆自在，還是要時時提醒自己踏入這個行業的初衷，要懷抱著持續學習進步的虛心。

大叔便利貼

對人應該尊重，也要自重。無論對誰，說話都該考慮對方的感受，不是職位高、資歷深就能在言語上調侃、騷擾，甚至是欺負人。有錢有權或許是值得驕傲的事，但我不認為會讓人驕傲到沒了做人的格調。

09

守信用，是一切的基本

如果你問我具備什麼樣的條件是我會想要共事的人？聰明、反應快，當然是很重要的優點，除此之外，誠信與負責也是不可或缺的特質。聰明、反應快的人，溝通起來不費時，還能舉一反三，做事會找到有效率的方法，合作起來相對輕鬆許多。但，我更喜歡有誠信而願意承擔責任的人，因為不用多花時間去猜忌、懷疑，心裡比較踏實，明白他絕不會扯後腿，可以心無旁騖處理好自己該做的事。

聰明的頭腦是與生俱來的，而誠信則是一種願意承擔的選擇。代表你不想選擇輕鬆隨便的態度去看待工作，不會草率了事、敷衍塞責，更不願造成別人的困擾。這是對自己負責也是替他人著想，當然也會促使我想與他共事的意願。

工作從來不是風平浪靜，總會不時出現或大或小的狀況來考驗我們，最後能不能解決問題，不一定全部取決自己的能力，有時需要借助他人對於你的信任。平時該認真就別隨意，該付出就別小氣，要相信自己的能力，也要讓自己值得被人相信。

守信用，應該是做人處事最基本的原則，一個人如果連守信都做不到，我不認為他能把事情做得好。**所謂的守信負責，並不是指要你事事承擔，而是衡量自己的能力與現況，不當濫好人，允許自己拒絕別人，一旦選擇答應，就該守信重諾**，把事情完成並做到該有的水準。

用誠意去對待身邊的人，用責任去看待工作。每天早晨醒來面對鏡子時，我總會告訴自己：所做的每件事、所說的每句話都要對得起自己與身邊

 # 加班
延長工作時間。但如果你天天延長工作時間且公司並未加發薪資，就不適用此解釋。那應該稱為地獄。

的人，真正地為同事和客戶著想。或許，未必所有人會給予對等的回報，只要能持續，一定會贏得別人回饋給你的信任。

其實，「信任」在企業經營管理上也是很重要的一環。當員工彼此信任、守規定、負責任，公司的管理成本自然也會減少。反之，當大家彼此猜忌、不守規定、推事卸責，公司的管理、監督與防範需求就增加，管理成本自然也會提高。不只如此，工作環境不快樂，工作效率當然也會變得糟糕。

要成為公司器重的人才，要成為同事喜愛的夥伴，要成為客戶信賴的幫手，擁有優秀的工作能力或許是加分，但，養成良好的處事態度才是根本。務實面對眼前的工作與他人的要求，做不到的事不承諾，做得到的事多盡心，不投機取巧，對自己說過的話與做過的事負責。

不妨從現在開始，除了試著成為值得信任的人，也要將心胸打開，用信任的態度來對待身邊共事的夥伴；可能難免還是會碰上欺騙、吃悶虧的事，那是對方選擇讓自己成為一個不值得被信任、被尊重的人，那是他的選擇，放他離去吧。

對得起自己該做的，其他人也會因為你的處事態度願意一起努力打拼，為工作共創佳績。

大叔便利貼

要做一個對得起自己的人，因為這關係到內心是否快樂。你的人生不必事事完美，若能將對他人的承諾做到，我認為就是對得起自己了。

10

明白自己的不足，就要找機會補足

工作，往往是由好幾件繁瑣的事所組成，因此，面對工作，我們不可能只做一、兩件事就好，還能在職場上安然生存。我曾在處理棘手的工作時，開玩笑地跟同事說：「我們不只要擁有十八般武藝，還要成為老闆的千手觀音。」為了順利完成交辦的任務，必須進行各種繁雜作業，不僅要解決各種突發狀況，還要處理多方的人際關係。

要處理的事項非常多，要解決的問題也非常急迫，我經常自我精神喊話：要對自己有信心，要相信自己能夠做得好。假使你先認定「自己不可能做得好」，那就真的會做不好了。請先肯定自己，當信心加倍便會開始成長，這並不是為了得到成績而試圖成長，而是擁有自信就便能獲得好成績。

可是，天生賦予的能力本來就有限，無法事事擅長，有時面對的難題連自己都很清楚，再怎麼催眠也生不出信心。於是為此而心生恐慌，也對同事感到抱歉，總覺得造成了他們的困擾。不過，至少在事前就明白自己可能做不好，知道自身的能力還不足以處理眼前的工作，而不是為了面子硬著頭皮去嘗試，等做了之後才發現錯誤或延誤進度，再讓同事來補救，那才是真正造成他人的困擾。

明白自己不足之處，並不代表能力差，真正能力差的人是連自己不足之處都搞不清楚，甚至多的是就算清楚自己不足也不想改善的人。願意改善自己的缺點與不足，表示你會不停進步、不會裹足不前，這是職場上很重要的生存能力。

但，要記得別給自己太多壓力、逼得太緊，也不要把自己想得太糟糕。

 # 菜鳥
有兩種類型：一種是很忙，什麼雜事都給他做；另一種是很閒，大家事情都不敢給他做，因為自己來還比較快。

在工作中，我們總會遇上力不從心的時候，像是有一道無形的牆阻擋在面前，想再往前進卻怎麼也動不了。甚至是努力想要往上爬，但上方好像有一道無形的網，逼得自己摔得更重。**任誰都會遇到自己能力的極限，今天已經盡力，明天再來努力**。至少已經知道是在哪裡無法前進，事前先思考好策略，日後再次挑戰，全力突破。明白是忘了準備什麼而無法再攀高，下次補足準備再一次攻頂就好。

偶爾你必須承擔超出自己能力所及的事，成果難免不如預期，遭到他人的責難與批評時，也不必自暴自棄、滿腔苦水，只要虛心檢討自己的不足，別因一次失敗就被擊倒，想得正面一些，多虧了這次的失敗，才能學到了別於以往的處理方式，以及解決問題的能力。應該要感謝這些困難，這是讓我們成長的強力推手。

慢慢你會發現，最有價值的人並非聰明能幹，而是在事前能夠明白自己的不足，進而提早因應。

承認自己不夠好，不是容易的事，懂得向有經驗、有能力的人學習，不恥下問，將來才有機會表現得更完美。

因為願意面對當下的不足與錯誤，有了寶貴的經驗，就算暫停一下，之後仍然可以迎頭趕上。

大叔便利貼

不熟的事小心做；熟稔的事細心做；繁瑣的事寬心做。不懂的事用心學；複雜的事專心學；取巧的事不要學。

11

加入想像力，讓工作力永遠新鮮

工作中有兩個很重要的表現，就是發想與發現。

替自己的工作想出有趣的創意或嶄新的做法，還有在工作中發現更有效率的方式或提早發現錯誤，這可是在職場上表現優劣的關鍵因素。但，要怎麼獲得新奇的創意與找到成效的做事方式，就要訓練自己的想像力，靈活運用腦袋來思考。

如何讓自己保有想像力？請不斷地提醒自己要對周遭的人事物保持新鮮

感，每隔一陣子，就要幫自己「重置」，否則，每天過著一成不變的生活，做著枯燥單調的工作，很容易讓自己陷入原地踏步的桎梏。不妨試著跳脫常軌吧。比方說，偶爾改變回家的路線，在不同的景物中找到新發現；或是好好休息休假，讓自己有空閒時間放空思考；試著參與平常不會接觸的工作或專案，因為不同的工作經歷與做事模式，有助於激發全新的想法。

但，也要提醒自己**別被過往的經驗給限制住了，更不要被過往的成功給綁架了**。模仿是一種求得進度的最快方式，複製過去的做法是最保險的，然而，沒有從中改進，很難再創更大的成功。**若凡事只憑經驗值，永遠都不會進步，當你想著過去是怎麼做的，就已陷入框架之中，自然也不會出現嶄新創意或發現最佳解決方法**。很多時候是有空間、有餘裕，可以讓人發揮的，這時千萬不要畫地自限，試著增加一點挑戰，這樣才有機會得到不同於以往的成績。

對於想法與創意，我有個習慣，會隨時將靈光乍現的點子或看到有趣的事物記錄下來。早些年是手寫在筆記本，現在則是運用手機軟體，只要是方

 # 前輩

也有兩種類型：一種是很忙，什麼事都要自己做；另一種是很閒，什麼事都推給菜鳥做。

便自己可以隨時隨地記錄的任何方法都好。記錄下來的這些想法、文字或案例，或許在當下並沒有立即的用處，但它們很可能會在某個時刻發揮作用，成為你發想創意或思考工作時的養分。

試著將腦中的創意條列重點，最好把那些重點組合成一則有趣且能說服人的故事，這樣一來，還可以訓練自己的想像力與組織力。為什麼要將想法變成故事呢？因為一則好的故事是有前因後果、富邏輯性，並具有吸引人的特點。這有助於自己將想法在腦中實際思考一遍，並且說服他人支持。要將這些創意與想法付諸執行，最初的一步就是要給自己信心，而且重新思考與組合有助於清楚立基點。

發揮想像力，並非完全天馬行空，而是有步驟可循。可以依著「為什麼要做？」、「要怎麼做？」、「這麼做會有什麼好處？」、「這麼做可能會有什麼壞處？」來考慮，除了在思考上給自己全新的空間，也要記得同時給自己在遇上可能的問題之前，先有預習對應的機會。

努力踏實工作，當然是公司的期望。但，除此之外，對我們的職涯來說，埋頭苦幹只是不斷地耗損自己的精力與白費光陰，唯有讓自己保有對未來與對世界的想像力，試著做個享受生活甚至可以享受工作的人，這樣才能不斷自我成長，也不會被枯燥淹沒了人生。

大叔便利貼

沒有思考的工作，只是一般的勞動；經過思考的工作，才有機會創造人生的價值。工作不會沒有價值，只有不懂創造價值的人。

12 不必追求能夠完投九局

經常聽到同事、朋友抱怨工作量多，壓力大；壓力大，情緒跟著變差；當情緒變差，事情就做不好。另一種情況則是，有新進同仁加入團隊，身為老鳥難免會被指派要帶著菜鳥一起工作，對此，有些人會嫌麻煩，認為把事情交給新人做，還得花時間來教導，而且未必能即刻上手，不如自己做還比較快。

在棒球比賽中，能夠完投九局勝利，對投手來說是一種榮譽，可是對往後的運動生涯未必是好事，反而可能是加速耗損。一位優秀的投手人才，如果很快就報廢，對於球隊來說也是重大損失，因此，現代的職棒環境不再鼓勵投手追求完投，而是重視專業分工與責任分擔，一場球賽至少會讓兩、三位投手來接力完成。

在職場上，我十分贊同專業分工與責任分擔。有句話說得很有道理：**「不要做一匹單打獨鬥的孤狼，要成為一隻鶴立雞群的領頭羊」**。自己埋頭拼命工作，同事未必會感謝你，說不定還會有人在背後議論，說你愛表現，不會因為你的責任感而真心讚賞。明明工作量太大，如果不懂得請求協助，別人何必多管閒事來插手？主管如何知道該請人協助？同樣的，如果不帶著新進同仁實際執行工作流程，他們又怎麼會有學習的機會與成長的空間，盡快培養新人獨當一面，這樣才能分擔團隊工作、減輕負擔。

好的人才，懂得引導身邊的人做事，用有效率的方法完成任務，而不是靠著自己單打獨鬥。除非你是依業績高低來評斷表現的業務人員，否則，一味追求個人表現並非一般企業所喜好的人才。

 # 打卡

科技進步，現在有各種方式。有刷卡的、驗指紋的、驗臉的，唯一不變的是老闆扣你薪水的方式。

年輕時擔心自己成為別人的困擾，因此，隱藏內心的疲累而努力逞強，可是拖著疲憊不堪的身心應付工作的日子根本撐不久。後來才發現，就算真的會造成某些人困擾，也不會是世界末日，更重要的是手上的工作可以如期完成。工作若無法完成，才是造成公司與同事更大困擾的麻煩。

如果你習慣事必躬親，也別把自己的忙碌怪罪於別人，我們唯一可以抱怨的，是選擇獨力承擔的自己。

因為不想麻煩別人，結果被當成了自作聰明；因為不想擔誤時間，結果被當成了自以為是；因為不想便宜行事，結果被當成了爭功好勝。久而久之，你的不想麻煩別人、不想擔誤時間、不想便宜行事，全都成了別人口中的自私與自大。

與其吃力不討好，不如試著讓其他人也有表現的機會。優先思考別人的感受是體貼，無視內心感受就是失去自我。**任誰能力都是有限的，時間也是有限的，盡力做就好，不必凡事都想一肩扛，肩膀沒那麼耐操，偶爾也需要**

別人的肩膀來扛一下。試著給新人時間與機會，畢竟我們也曾經是新人，應該要能體會他們心裡的緊張與擔憂，給他們信心，同時也是給自己信心。

難免有撐不下去的時候，不必勉強，該換手就換手吧。強迫自己留在場上，不只是自我傷害，對公司來說也是傷害。當然，我們不能把自己該承擔的責任全都丟到別人身上，等自己調整好了，再一起面對挑戰。

不是為了下場而下場，而是為了在下次上場時能表現得更強勢，這才是我們的作戰策略。

大叔便利貼

職場上通常不需要一夫當關的英雄，而是需要能帶領大家共同作戰的夥伴，以及願意與身邊的人分工合作一起承擔的戰友。

13

爭贏了一局的勝利，然後呢？

我一直認為做人做事不要太爭強好勝，對人要寬容一點，對事要豁達一些，計較太多往往傷到的不是別人，而是自己。做事當然要認真負責，但不必惦記著與人爭勝，也不必太在意他人的表現，更不必跟人計較錙銖小事，如果別人無心你卻有意，凡事都想東想西，琢磨來又琢磨去，對方沒事，自己卻氣得要死，身可能不累，心卻早就累了。

把負責的事做到最好，這樣的態度當然很棒，不願輕易輸人的鬥志也值得嘉許。但，就算凡事第一名，人生也不會保證幸福快樂，即便這一局爭贏了，下一局還是要重新開始。很多時候，表面上贏了，實際卻是輸掉更多，可能是輸掉了友情與人際關係，也許是輸掉了他人的信任與尊重，甚至是輸掉了自己的健康。

真正在乎你的人不需要你事事第一，我們人生的大部分時間，需要的不是奮力向前、與人競爭，而是穩紮穩打、與人為善。不要一味認為自己應該做到什麼，或是事情應該有什麼樣的結果，我認為一件事的好壞對錯都是自己主觀認定的，執意去計較並沒有意義，最重要的是，事情能否完成，目標是否達成。

要有自信，但不要自大；**要抱持著不想輸的鬥志，但不要有不認輸的固執**；要對目標有計劃，不要只想著與人計較。有一種成熟是願意務實面對當下的自己，不妄自菲薄，也明白自己的能力有限，能做到的事盡心做，不是為了贏過別人，而是對得起自己。別光只顧著跟他人計較長短，那只會拖慢自己的步伐，拉長了目標的距離。

 # 遲到
被扣薪水的理由。重點是你就算早到了，老闆並不會加你薪水。

那些喜歡與你競爭、計較的人，不一定是人品很糟，有時只是雙方的觀念不一樣而已。一旦觀念不同，就很難說清楚講明白，誤會就此而生，對方可能把你視為敵手來看待，不過也無須急著為自己爭辯。寬容那些愛計較的人，他們或許是因為自信心低落而形成的防衛機制；珍惜善待你也願意一起前進的人，因為沒有什麼人非得與你同路不可。

當爭取與計較已經造成自己與身邊的人的傷害時，放下是最好的選項。那不能算被打敗，只是你願意表現出成熟的一面，選擇善待他人與自己。放手，我們才能再空出手，重新獲得其他更有價值的事物。

或許要等到很後來之後才會發現，最慶幸的不是自己能夠事事獲勝，而是終於明白輸贏並不會影響人生，唯有計較會剝奪快樂，那才真正影響我們的人生。不與人計較是不容易的，卻值得我們隨時提醒自己，少了計較自然多了好心情，擁有好心情就能做好事情，做好事情，自然會感受到愉悅，這是一種正向循環，非常值得嘗試。

大叔便利貼

爭勝是不會快樂的，唯有看開才會快樂。計較未必會贏，但一定會輸掉好心情。別讓自己成為爭勝鬥狠的人，那等於把自己丟進不快樂又必輸的狀態。

14

將討好打包，學會與孤獨共處

我在學生時代除了讀書之外，最努力的，就是讓別人喜歡我、認同我。可是事與願違，再怎麼努力，討厭你的人還是討厭你，頂多降低一點點的厭惡感而已。

出了社會之後，我不再勉強自己去迎合別人。沒有人想要被討厭，可是別人會用什麼心態來看待，那也不是我們能控制的。與其努力讓別人喜歡我，還不如努力別成為連自己都討厭的人。

有些人與朋友、同事相處時，總習慣討好對方，希望自己受人愛戴，這是很自然的事。但，當你有天在組織裡成了領導者或中堅幹部之後，就該一改想討好他人的心態，開始學會與孤獨共處。

所謂好的主管，不一定要與部屬無話不談、和樂融融，更重要的是，懂得如何處理他們工作上的問題，替他們排除進度上的困難，甚至不讓私人情感影響下達指令的判斷。**你不必成為親切和善的好人，但可以試著做排解他人難題的靠山。**

有時，主管與部屬是站在同一陣線，炮口一致對外；但也有不得不與部屬站在對立的時候，例如，當自己的營運方針與員工立場不同時。所以，不必期待每個人都把自己當成親密好友，即使被人討厭也不必感到意外與難過。就像前面所說的，即使刻意討好都未必喜歡你了，況且是因為管理層面而立場相左，因此，身為主管的你，必須對於孤獨習以為常。

我也遇過脾氣很好的主管，可是當工作出現問題或錯誤時，對於部屬的

 # 茶水間
一個讓員工倒水喝茶喘口氣的空間，同時也具備了傳遞八卦流言與抱怨公司的附加功能。

過失也是絕不妥協。寬容是指可以善待犯錯的人，但不能接受傷害他人及做出錯誤的行為。如果把他人的錯誤全都視而不見，那是爛好人；放任他人不對的行為，那不是真正的善良，而是一種隱形的惡意。不想被討厭而不願扮黑臉，這不是領導者該做的；若是讓問題不斷擴大，別人未必會因為你的放任而感激。

個性友善、待人隨和是優點沒錯，卻也可能是管理工作的弱點。絕大多數的人，都喜歡接近只要對他說聲感謝就會願意伸出援手的人，也會喜歡一個只要對他說聲不好意思就會願意接受錯誤的人。別以為自己的善意會贏得好主管的名聲，過多的善意會變成軟弱，而感謝說多了就成了理所當然。身為主管，待人接物都要有其分寸，適當地與部屬保持距離，必要時明確指正。所謂的體貼，不是濫用在任何事情上。

當你決定不再在乎別人是否喜歡自己，為了自己應有的責任而工作，為了自己應有的立場而堅持，難免會有看不慣的人遠離你。然而，那些明白你用心的，都是真正願意支持你、願意共同努力打拼的難得戰友。

大叔便利貼

感到寂寞時，不妨試著做些事，好分散自己的注意力。或許不能排遣寂寞，但能先處理好其他工作也是收穫之一。

15

別只低頭看腳下的步伐，下一階段才重要

對我來說，作家是副業，不能不務正業，日常的工作必須更加用心做、認真做，這樣才對得起一起打拼的同事以及信任自己的客戶，寫作只能利用下班與休假時間進行。我的生活非常忙碌，經常連假日都得工作，實際上，能夠用來寫作的時間與精力十分有限，因此，寫書這件事必須做好前期籌備才能順利進行。

有許多作家都是依靠著隨手拈來的靈感在寫作，可能是從生活中的所見所聞取材，也可能是天縱英才、才華洋溢，腦袋裡永遠裝滿著精彩的故事與

素材，因而能夠迅速創作出一本書。不過，像我這種沒有才華的人，無法隨性寫作，雖然平時也會收集題材、點子，但我的每一本書通常會事先訂好主題方向，然後構思架構，草擬大綱，甚至會先想好大部分的文章標題才會開始依著規劃內容寫作。

除了事前的準備，為了能夠掌握進度，我還會依預定的交稿日期設好每周該完成的字數、篇數，盡量讓自己能依著每周目標按時完成，如果這周無法達到預期的目標，下一周就想辦法補足。有了明確的目標及進度，如期交稿，才對得起久候多時的出版社。

然而，我在進行一本書的創作時，並非埋頭只顧著照計劃寫，同時我也會替下一本書收集素材、準備題目，在進行新書創作時也同步準備接下來的書，等到下本書要開始進行時，就可以迅速做好事前計劃。

寫作時，我會思考下一步；相對的，在工作時也會預先為下個階段做好準備。養成「不只看眼前，還要同步思考之後的事」的習慣，這對我的職涯

 # 下午茶
上班族用來補充能量與回復身心狀態的行為，通常執行時間大約在下午三至四點。雖然感覺很洋風，出現的食物卻以雞排或蔥油餅為大宗。

有很大的幫助。**建議大家嘗試更有計劃性地做事，尤其是身為領導者與管理者，更不能只顧著眼前，而該看向更遠的目標，當團隊踏出一步時，你便要替他們決定好下一步該怎麼走。**

在做出任何行動之前，請先思考做這件事對自己、別人或公司有幫助嗎？做了這件事之後，會對自己、別人或公司會有不好的影響嗎？試著讓思考的深度與廣度加大，面對事物時，焦點不只注意到中間的要角，也要觀察到周邊的其他配角；不只留心目前看得到的表象，也要顧及在其背後可能的情況。比方說，聽到有人說「這個品牌的巧克力很好吃」時，別急著品嘗味道，或許可以先了解它的包裝設計、陳列方式，甚至是銷售店面的氣氛，說不定那些都是影響到評價的因素。

不妨試著為自己設定一個目標或計劃，而那就是你的方向與終點，你所要做的就是踏穩眼前的腳步，讓自己按照方向前進，依現況隨時調整步伐與速度，想方設法地讓自己朝向目標邁進。

不只要注意腳下，同時也看著明確的方向，每次都前進一點。一步一腳印，你會發現計劃並沒有想像的困難，因為沒多久之後，終點已在眼前。

大叔便利貼

計劃趕不上變化。但，如果完全沒有計劃，最後只會聽到自己失敗後的喪氣話。

16

越是複雜的事，就要簡單想

常聽人說，社會很混亂、職場很複雜，確實只要人多事就多，事多會讓人覺得又亂又雜。可以在社會上站穩腳步或是在職場上成為中流砥柱者，普遍是修為很高、心胸開闊的人。而那些不斷說職場複雜和工作麻煩的人，或者想法複雜、投機取巧的人，往往都是能力不好或修為不夠的人。

成天擔心著誰的表現比自己好，老是煩惱老闆眼中誰比自己受到重視，或是經常心懷不軌，想著如何排擠別人、欺負菜鳥，想著如何偷雞摸狗、推托責任……真的不必把自己搞得那麼累，做好該做的事，承擔該擔的責任，是最簡單不過的原則與目標。

與其總是煩心別人表現出色，感嘆環境複雜，抱怨工作麻煩，不如認真做好份內的事。萬一真的待不下去，那也只是環境不適合你，而不是單方面的問題。

在抱怨環境複雜之前，不妨試著先靜下心思考，自己的觀念是否有該調整的地方？**有時，不是環境複雜，而是你把環境想得複雜了，問題或許不在於所處環境的狀態，而是在於你內心的狀態。**若心中總認為周遭的人事物複雜、麻煩，那麼，一切就會複雜、麻煩；若想得簡單，一切就會變得單純、容易多了。我始終認為，**最能保護自己的心理狀態是「平靜」，最能解決問題的思考模式是「簡單」**。

不抱持負面情緒去看待周遭環境與眼前的工作，在此分享曾經看過很有意思的話：「複雜的事情簡單做，是專家；簡單的事情重複做，是行家；重複的事情用心做，是贏家。」

 # 發薪日
發放精神撫恤金的日子，以補償你平時遭受老闆、主管及客戶無理要求及踐踏自尊的精神傷害。

我們在職場上多少都曾被要求處理一些棘手的事情，一開始時，難免會不開心，心想「為何倒楣的總是我，難道老闆是故意為難自己嗎？」試著換個角度，主管把這個困難差事交到你手上，應該是對你個人能力的肯定，認為你可以將它處理好，交出不錯的成績，因而才做出這樣的決定。再進一步想，萬一工作搞砸了，主管也有連帶責任。換成是我，才不會為了刁難部屬，連自己也被弄臭。

如果你經常覺得工作麻煩、事情複雜，不如聽聽我以下幾個建議吧。

首先，別一開始就把事情想得太複雜。正如我前面所提到的，假使你抱著討厭、不悅的心情去面對眼前要處理的事，或是先入為主認定這個工作就是麻煩的、困難的，若是以這樣的心態去面對，肯定不會有好成績，更不會有好心情。

其次，如果因為自己缺乏經驗，那就開口去問有經驗的人吧，不然一直嚇自己，事情是無法有進展的。詢問那些曾經處理過的人，或是尋找相關案例與資料，與其一味擔心，不如先將問題弄清楚了再來擔心。

最後，大部分的事情一旦做了，就會發現其實沒那麼困難。這是真的！

大叔便利貼

我們通常都要經過周遭的複雜之後，才能找回自己原本的簡單。如果沒有那些複雜，又如何能襯托出簡單的可貴？

17

面對害怕的事，唯有理解才能克服恐懼

「失敗也是我所需要的，對我來說，它和成功有相同的價值。只有在我知道一切做不好的方法以後，我才知道做好一件工作的方法是什麼。」——愛迪生

沒有人是無所不能，一定會有自己討厭的事、不擅長的事，以及害怕的事。相信有不少人害怕上台演講或是對著眾人說話、發表意見，過去的我也一樣，一緊張就口吃、想吐，想到上台就十分抗拒。這種事情必須一次又一

次地嘗試與調整，不斷地克服心理障礙，透過學習與練習，雖然現在的我還是不擅長對著眾人說話，上台前仍然緊張得要命，說話依然口條不順，可是至少已經不再害怕。

國二的時候，我被班上同學半開玩笑地推舉出來競選模範生。老實說，當時的我除了成績不錯之外，並沒有其他條件足以當人模範，平時調皮搗蛋，偶爾也會跟著同學翹課，甚至還曾經打架鬧事，根本是不良學生的「典範」才對。居然全班同學投票決定由我代表競選，老師似乎也覺得很有趣，於是，我便意外成了模範生候選人。

後來發現，原來當模範生候選人並沒我想的那麼可怕。若覺得害羞，就不要出去拉票、拜票；覺得麻煩，就不要弄文宣、口號標語、組織競選團隊。總之，就是當個消極、玩票性質的候選人就對了。對我來說，真正可怕的是每個候選人都要在大禮堂對著全校師生發表競選演說，我連對班上同學講話都說不好了，更何況要對著全校師生。隨著日子越來越接近，我反胃的次數也越來越頻繁。

 # 年終
一個大家會期待領多少獎金，以及不少人思考提辭呈的非常時期。

發表競選演說是怎麼也避不掉的，於是我只好逼自己坦然面對不擅表達與上台說話的問題。開始利用課餘時間上圖書館找溝通表達相關的書籍，還有偉人傳記來閱讀；不僅如此，還參考了台灣政治發展紀錄片裡政治人物演說的片段，拉著幾個同學一起草擬講稿，然後練習、討論、修正，只有這個時候，我才像是個模範生候選人。努力準備了許久，應該是妙語如珠、精采絕倫的演說吧？並沒有。到了發表演說當天，我面對著大禮堂裡滿滿的人群，上台後，腦袋瞬間空白，竟然把準備的內容忘得一乾二淨，嘴巴講了什麼，自己根本聽不清，反正就是荒腔走板的一場演說……唯一欣慰的是，師長同學們人很好，演說結束時還是給予掌聲的。

雖然那次演講的表現不好，但至少我突破心魔，日後再有面對眾人講話的機會也比較願意嘗試了。因為我明白，即使表現不出色也是正常的，畢竟我又不打算當個演說家或講師，只要能清楚表達自己的意見與觀念就足夠。或許這次表現不好很丟臉，但也因為有失敗的經驗才能找出問題再加以改進，而得到了自我成長的機會。

面對害怕的事、討厭的事或不擅長的事，更該試著去了解它，也許最後並不會變成喜歡或擅長的事，不過，至少可以讓自己日後能以平常心去看待這樣的過程。

如果因為害怕而不敢嘗試，只會讓自己一直裹足不前。明明是害怕或討厭的事，還是願意嘗試面對，就算表現得不好，那也是一種願意改善自我的能力。

大叔便利貼

持續做會做的事可以讓你累積，嘗試做不想做的事能夠讓你成長。

18

離開現況，才有機會找到其他可能

有一次跟朋友吃飯，席間閒聊，他說起近日有兩三個同事被裁員，都是在公司待了十多年的員工，其中有一個是在他負責管理的部門任職，因此必須由他來告知，他的語氣滿是感慨。同樣身為管理職的我，也有幾次必須讓不適任同事離開的經驗，朋友的心情之沉重，我也十分明白。

企業裁員雖然難免讓人感到冷酷無情，不過，通常這個決定是企業為了生存不得不的選擇，畢竟需要向股東交出成績，也要保障眾多員工的家庭生計，因此，必須裁撤一些職位，讓組織得以持續成長，或是讓公司度過營運難關。**讓不適任的員工離開，不只是為了維持團隊組織的效率與生產力，也是為了員工間的和諧與公平性，有時也是為了不適任者的未來發展著想。**

然而，對當事人而言，無論在任何情況下，被工作單位辭退都是件難堪的事，出乎意料的打擊，肯定會重創自尊，也打亂了既定的生涯規劃。尤其是中年失業，更令人感到難以適從，也更容易失去信心。往後的日子，除了要面對生活的左支右絀，如何重拾自信與重定人生方向也是很重要的事。

還記得那次我必須辭退不適任的員工，而請對方到會議室，老實說，我猜想他對於面談心裡有底，因為那段時間交付給他的任務往往出狀況，與他共事的同事到最後都不敢把工作交付給他，乾脆自己做。成果不好讓他常被資深同事責罵，又無法分擔大家的工作，導致他漸漸被同事漠視、孤立。

「你覺得自己在這裡做得快樂嗎？」這是我與他談話的開場。他不知如何回答我，眼神透露出疲憊與無助。我知道他做得不快樂、做得很辛苦，跟不上同事的步調，在公司的人際關係也不好，與其這樣下去，不如早點離

 # 適任
很多人以為是工作能力符合職務所需。但，實務上，往往是要滿足老闆所需才算數。

開，重新尋找另一個更適合自己的環境。

「你不要覺得自己不好，沒有什麼好或不好，只是你剛好不適合現在的工作內容，剛好不適合公司的文化與步調而已，一定有其他更能發揮所能的工作。」我最後對他說了這段話。

面對失業或轉職最健康的想法，就是把它視為一種對自我人生的解放，脫離不適合自己的環境，離開痛苦與壓力的來源，重新讓我們思考自我的其他可能，找回生活的價值與意義。把自己的不順遂怪罪到他人身上也許是最簡單的，但，別人對不起我們的，跟我們對不起自己的，其實是兩回事。自己過得好不好，責任在於自己，過得不好，那是我們對不起自己。怪罪與抱怨只是發洩，不會成為動力，想要成長，想要變好，不該是責難別人，而是慢慢改善自己，照顧好自己。

因為離開，讓你解開了束縛，獲得了自由，過去你可能為了賺錢卻沒有好好生活，現在你總算有了時間可以再次規劃自己的未來。

有不少人問我：「想要離職創業或做自己想做的事，可是提不起勇氣該怎麼辦？」**我們總會把自己的生活想像成沒得選擇，事實上並非如此，只是其他選項我們不敢選。**承認自己的軟弱，不去怪罪任何人事物，要過得更好，要改變現況，得先從承擔與勇敢開始，說不定你比自己想像的還要有能耐。如果真心想做一件事，再困難、再麻煩，你都會努力想盡辦法去嘗試。萬一你現在沒有足夠的動力去挑戰，代表你只是單純想逃離現在的狀態而已，並非全心全意想要去做那件事。

被人強制離開現狀，或是強迫自己離開理所當然的日常，說不定可以找出自己的人生還有什麼可能性，生活可能變得不安穩，卻有意想不到的滿足等著你發現。

大叔便利貼

隨時替未來預做準備，如果自己有什麼想要達成的理想，更該試著去累積應有的能力與本錢。勇敢承擔自己的人生，面對眼前的挑戰，總能走到自己能力所及的地方。

19 離職與求職之前，先了解工作的意義

偶爾會有人問我這樣的問題：不清楚自己該做什麼，要如何選擇工作；也有人對於目前的工作感到不快樂、無趣，卻又擔心換了工作未必比較好，因而裹足不前。

另外，我也聽過很多想要離職的理由，不管是多麼冠冕堂皇，然而，最關鍵的原因不外乎是錢給太少、工作太多，或是老闆主管太討人厭。

很多人對於職涯懷著遠大的抱負，有人是想要追求一個充分發揮的舞

台，有人則是想要在工作中找到成就感，甚至有人是期望自己能對這個世界做出貢獻，這些理想都很棒，值得鼓勵也令人敬佩，不過，真正努力往那些理想目標前進的人有多少？說真的，對絕大多數的人來說，工作最重要的，就是必須要有一分穩定的收入，金錢之外的獲得都是加分項目。

不少人談到工作，不是沒有目標、沒有想法，不然就是看似充滿理想，實際卻毫無作為，全都是空談而已。有時，理由很簡單，因為他們都被忙碌的工作所麻痺，只記得每個伴隨工作而生的壓力、無奈與麻煩，而忘了在實現自己理想的過程中，那些不過是應該付出的代價。

工作，對於很多人來說，不過就是賺錢討生活，希望能過上輕鬆一點的日子。大部分的人選擇工作與轉職並非有什麼冠冕堂皇的理由，單純認為自己的能力值得相等、或是更多實質的回饋，不想處理細碎的雜務，以及難搞的職場關係。

我們總會羨慕那些能夠從事理想職業的人，或是夢想自己有一天可以投

 # 轉職

一種「我無法改變心態、改變環境，轉換職場最快」的行為，不過，就像是玩夾娃娃機，除了要有實力，也要有運氣。

身於看起來光鮮亮麗的工作。可惜的是，多數人還是會抱怨起目前的工作，引頸期盼自己能夠早日脫離當下的環境。

「如果還沒有能力做自己想做的，那就先做自己能力可以做的。」這句話是我經常會給予對於職涯發展感到迷惘的朋友的建議。無論是轉職或就業，都請先做好心理建設：「任何職場或工作，絕對會有令人討厭的部分。」

即使是心目中理想的工作，說不定開始去做了，日復一日地處理差不多的事務，便會發現原本覺得有趣的事也慢慢變得無趣了，甚至，所衍生的雜事遠比你想像中的還要瑣碎、還要龐大。

任何工作都有它的難處與壓力，任何職場也都有它的問題與需要面對的人際角力，如果沒有認清工作的本質，不管你剛進入職場時有多麼的喜歡，最後都會敗興而歸。如果無法面對那些困難，根本不必再談什麼完成夢想。

我很贊同，工作帶來的穩定收入可以支撐我們想過的生活。假使目前的工作是符合條件的，若你還不清楚下一步，不如先調整好心態，在工作中找到某些自己喜歡的部分，然後把它放到最大。因為，熱情是很容易被消磨殆盡的。

不管工作是大是小、簡單還是困難、輕鬆還是麻煩，多數時候都是在重覆做著類似的事情，時間一久，難免會讓人感到乏味。但，只要找回當初喜歡的原因，把那些擾人的、無趣的部分都當成自己的挑戰，用這樣的心態來面對工作才能做得長久。

說真的，如果你沒有決心做出更多的犧牲，就不要把工作想得太理想，請更務實一點看待工作的模樣。人生不是坐著、等著就能欣賞到夢想中的美景，必須要起身前進才能抵達。

工作的價值，不就是讓日子可以過得下去，努力讓自己與家人可以擁有不錯的生活，先求穩定，再往更好的階段前進，如果連最基本的生活都無法顧及，還談什麼人生規劃？

我們的人生並不會一直順暢無阻，甚至無法全如所願，當你心中已經預想好即將碰到的挑戰或麻煩，也準備好面對那些討厭的難題，自然就可以用最理想的姿態去處理，解決眼前困境的重點未必是你的工作能力，往往是你面對負面情緒能夠即時轉念的態度。

大叔便利貼

工作的意義與價值，都是我們自己賦與的。工作，就是為了更好的生活，這是最基本的目標，不是嗎？先求達到這點，再來追求其他的價值吧！

2

關係

不要只會做人，但做人也是做事能力之一

20

穩固同事之間的關係，必須倚靠自己的能力

經常聽人說：「在職場上，做人比做事重要。」不可否認的，懂得經營人際關係的人，確實比較討喜。但我認為**再怎麼會做人，卻不會把事做好也是白搭，在職場上能鞏固彼此的關係還是要回歸到自身的能力。**唯有做出優秀的成績，同事自然會尊重你。

經營關係並非不好，懂得社交也是一種工作能力。你了解怎麼與人應對、懂得如何討人歡心，這在經營團隊關係是有很大的助益，不過，要讓同事之間更為緊密、牢靠，還是得看個人的工作能力。沒有相對的實力，是很

難穩住職場關係的。

對同事、主管展現體貼與友善的態度，鐵定是優點，但別奢望能僅仰賴它來維繫同事之間的情誼，如果沒有足夠的能力做好份內的工作，進而幫助到同事，再體貼、討喜的個性都很難被團隊夥伴們認同。或許你會覺得這未免也太現實了，但這不是現實，職場本來就是為了完成工作而存在的場所，如果你無法完成自己的進度、還拖延到他人，怎麼可能會受人歡迎？

所謂的職場關係，不該想像成情同手足、共赴患難的美好情感，而是在完成被交辦的任務前提下，彼此做好各自職責的合作關係。不拖累別人，不造成他人困擾，這是最基本的原則。要先做好自己份內負責的事，才有機會與他人增進私交與情誼。

在職場上面對人際關係最合適的態度，不一定就是對待每個人都維持表面的友好，更重要的，應該是懂得面對不友善的人，讓他尊重你的專業，更千萬別被對方散發出的敵對態度影響到工作本身。**你不必成為面面俱到、八**

 # LINE群組
美其名是方便大家討論事情，實際作用是讓主管與客戶隨時交代工作，以及同事相互抱怨取暖。

面玲瓏的人，但要試著做一個可以面對敵意依然能保持專業態度的人。

提升自我能力，做好自己該負責的工作，保持專業態度，並不是獨善其身、自掃門前雪的作風。想要與同事保持良好的互動，最好的方法就是用自己的專業來協助他們，減輕同事的工作量，以及解決他們的麻煩與困擾，彼此之間的情誼就能開始升溫友好。

但，有時還是有可能會遇到不少對於我們的善意不知感激、甚至認為天經地義的人，這時，不必為此灰心、氣餒，至少可以看清什麼人值得交往，什麼人該保持距離。老實說，你並不需要對方的感謝與肯定，因為你擁有不能被忽視的工作能力，自然就會有懂得欣賞的人想與你深交，也會有人想要跟你一起在工作崗位上努力。

或許，難免會有少數人把你的能力視為一種威脅，但只要在公司經歷過一些事情後，就會對此感到無所謂。對別人的誤解無所謂，對惡意的言語無所謂，對利益的爭奪無所謂，對難免的失去也無所謂。因為你早已明白，做人處事如果太執著，那只是在跟自己過不去。

不喜歡自己的人難免會有，但實際上喜歡與自己共事的人一定更多，不必為了少數人感到難過，反而要為本身還所保有的堅強實力而自豪。

大叔便利貼

被分配到什麼角色，盡力演出就好；至於別人怎麼演，那是人家的功課，怎麼也管不著。

21

面對不願幫忙的同事

在職場上，你應該也曾有過需要協助時，但同事不願意幫忙的經驗吧。遇到這樣的情況，有些人會選擇自己來，卻可能無法如期完成，或是把自己累得半死，做出來的成效也不佳。也有些人會用死纏爛打的方式請同事幫忙，不管是否如願得到協助，但勉強之後的下場，往往會破壞彼此的關係，難免也影響了日後在工作上的配合。

遇到同事不願幫忙時，不只會延誤工作進度，說不定還會造成自己的壓力和不滿，那麼，該怎麼辦好呢？說真的，我最優先的做法是「找老闆」。

畢竟大家都是為公司做事的人，當工作遇到困難、做不完，影響的不只是個人，甚至是整個組織的運作與營收。老闆與主管的職責之一，就是協助團隊、部門得以順利運作，如期完成該做的事。當你在工作上遭遇難題，或是需要人手幫忙才能完成，請求老闆或主管協助解決問題、調配人力，不僅合情合理，也是身為管理階層該做的事。

每個人都有自己應該扮演好的角色，包含老闆。演得好，自然會獲得認同，演不好，那是他該修的、也是終該面對的功課。

我明白，確實有些主管不覺得替部屬解決問題是自己該做的事，甚至還認為那是部屬的能力不足。面對這樣的主管，建議你先整理好該專案的資訊，並準備兩三項解決方案，讓他明白並非是自己的能力問題，而是確實需要資源與協助。提供方案以供選擇，既能節省主管決策的時間，也不會讓他感到麻煩。

或許，還是有些人無法找老闆協助解決，卻仍需要同事幫忙處理工作

 # 分憂解勞

我們都希望遇到這樣的同事，但江湖走跳多年後，你便會明白別遇到扯後腿的就該謝天謝地了。

時，又該注意那些事情呢？

首先，我們要明確表達自己需要什麼樣的協助。很多時候，雙方的溝通訊息不夠清楚，導致不知道該幫到何種程度，甚至誤會對方是不是在推卸責任。因此，向同事請求支援時，應該清楚說明需要協助的工作內容及原由。

此外，也不要刻意逃避衝突，我知道處理衝突並不容易，但能做好這件事，對你未來職涯將很有幫助。那麼，該如何化解衝突？

第一步要先理解同事的立場，讓對方把心中的感受（像是不滿，或是疑惑）說出來，並讓他知道你能理解。至於為什麼同事不願意幫忙？很多時候，是他們本身工作壓力太大，或是對你提的任務沒有信心。試著與同事站在同一個角度思考，並且給予鼓勵和支持，將有助於未來的合作。

在溝通時，切記避開敏感用詞和情緒用語，不要加入自己的無奈和抱怨，這不僅對事情沒有幫助，還會讓人感覺是在替你收拾爛攤子。盡量簡單扼要地說明原由，例如：「我明白這時還要麻煩你多接這個工作，真的不好意思，但實在時間緊迫，而這件事是需要足夠的經驗與能力，所以才必須麻煩你來協助。」

尋求同事幫忙時，也可以像前述與主管溝通的例子，提供兩三個選擇方案，以便加速對方決定，也能讓他感受到你的用心，這件事情是經過思考的，而不是盲目地想把手上的工作推給別人。

就像我不斷在書中強調的觀念：**做人或許重要，但會做事才是職場上真正重要的生存能力。很多人經常忽略職場關係的基礎，是互惠合作而不是討好。**

當你的能力越好，就越不必擔心找同事幫忙會被白眼，因為他們也清楚總會有需要你協助的時候，自然會願意替你分擔一點工作；當你有餘力時，也該出手為同事分憂解勞，形成一種正向的人際循環，增加彼此之間的信任和合作機會。

假使運氣實在太差，遇到不願付出又自私的人，那也只能翻翻白眼，自求多福，去找其他替代方案了。別人沒有義務要拉我們一把，我們只能不斷讓自己成長，讓自己強大到別人願意主動跑來合作。記得，凡事都是相互影響的，當我們待人友善，身邊的人也會對你友善；當我們變好，身邊的一切也會跟著轉好。

大叔便利貼

在請求同事幫忙之前，應該先做好準備，給予明確的任務請求，並將相關資料整理好，以便讓對方更清楚可以如何協助，也理解你並非在推卸責任。

22

同事，是能共同做事的人

在職場上與同事之間的互動，不只我們小員工在意，其實連公司的管理者也十分重視，因為這會影響辦公室氣氛、工作品質、團隊士氣與合作關係。除非家境優渥，只想出門打發時間、交朋友，否則，大部分的人選擇工作，都是為了賺取穩定收入。既然如此，會在辦公室裡破壞和諧氣氛、到處樹敵的人，實在是損人也不利己，根本是吃飽太閒才會這樣惹來一身腥。

樹敵很笨，可是四處討好同事的人也讓人不舒服。想要與共事的夥伴建立良好關係並沒有錯，但過分去迎合他人或拍人馬屁，只會讓人心生疑慮與警戒。有些人喜歡在下班後，找同事一起聚餐、遊玩，確實是可以增進彼此感情、加強彼此默契的方法之一，可是，單靠應酬、取悅並非維繫同事之間情誼的唯一方法，這樣的關係不會長久、牢固，**我們該做的，應該是創造自己存在的價值，並且建立獨特無法被取代的位子。**同事，本該就是共同做事的人，並非要成為一同玩樂的咖。

想要與同事成為好朋友並非錯事，不過，之所以成為同事，就是為了完成工作而串連的一種關係，因此，這樣關係的基礎，就是做好該做的職責。當你能夠處理好職務內容，甚至可以協助同事的工作時，你想要的尊重與友情，就會伴隨而來。不需要一直想著怎麼跟同事成為好友，若是任由這個念頭來主導，很可能與自己的喜好與感受相違背，工作時怎麼會快樂呢？又怎麼能將手上的細節做到最好呢？做一個自己會喜歡、能認同的人，這將關係到你待在公司、甚至在生活上是否感到開心的最主要原因。

同理，你所需要的同事並非跟你一起吃飯、聊天與玩樂就可以，而是能夠在工作上做好本分、不會造成團隊的困擾的夥伴。**真正難得的好同事不是**

 # CC（副件）
一種寄件功能，讓需要了解內容的人能同步收到訊息。但，如果問副件人關於信的內容，通常會得到「不清楚，不是我負責」這樣的回答。

只和你談天、玩樂，而是會在你需要幫助時適時伸出援手、在你得意忘形時幫你踩煞車。我們不缺一起吃喝玩樂的人，而是需要在手忙腳亂與面對工作難題時，願意與我們分勞解憂的好夥伴。

總會有那樣的人，在公司裡只想打混摸魚、見不得他人認真做事，他們會用幼稚的話語排擠那些只是想完成工作的人，愛用無聊的行為嘲諷那些只是想對得起職責的人。當你決定不再在乎別人的看法，為了工作績效與對得起自己而努力，難免會有看不慣的同事疏遠你。最後，那些在你身旁陪你一起奮鬥的人，都是真心支持你並願意好好做事的人，那才是真正值得交往的好同事。

可能也會遇到不少自以為是、認為別人就該協助他的人，如果把自己該做的工作丟出來，還用一種誰來幫忙都是應該、必然的態度，那麼，就用半成力氣來完成就好，以不傷身心的方式去處理；反之，若對方的態度是客氣的、感激的，我不但會盡心盡力，更願意多想多做。

人與人的相處靠的是感覺，你要與人有良好的互動，就要先給對方良好的態度。一起共事，先做到尊重彼此。

大叔便利貼

職場上有許多工作，都是靠眾人合力完成，你想要事情有好的結果，就得先用好的態度待人。

23

資深只代表做得久

在軍隊裡，「學長制」是施行已久的組織關係，在主管無法兼顧的前提之下，由學長分擔指導的責任，這樣的傳統賦予了前輩教導與指正的權力，即使在位階上彼此並無區別。在企業組織裡，或許並沒有學長制，但大部分的公司內部還是隱隱形成「學長制」的同事關係，由資深人員帶領資淺人員，讓新進同事能快速熟悉工作流程。

這樣做的優點，是能夠使資深者在指導後進時也能夠一同成長，不僅可以學習管理與領導，還能在過程中了解工作中有哪些地方是需要再加強的。

但這樣的制度也有缺點存在，資歷不見得與能力呈正比，何況是品德與年紀、資歷也沒有關聯，萬一資深者的能力與品德皆差，自然不足以擔任其他人的請益與學習的對象。

在職場工作已經二十年的我，始終抱持著「尊重資深同事，寬容新進同事」的態度。我也曾聽過資深同事抱怨新進人員不懂得尊重他人、不知分寸、態度傲慢、看不起人。結果，我發現抱怨的那位同事自己在工作上不停挑新進人員的毛病，更不願替對方解決工作上的問題。這樣下去，一切都不會好轉，只會形成惡性循環。

後來，我是這樣勸新同事的：「如果有人瞧不起你，不必硬要證明自己給對方看，或是以牙還牙，這樣做只會累積太多壓力，而且還會讓心更累、讓自己更不快樂而已。這世上合不來的人永遠不缺，別為了某些人而打亂了工作步調，或者自身情緒一直處於不愉快的狀態。」

如果遇到不合的前輩，對方可能誤解你，甚至無法跟你好好相處；或是

 # 尾牙
立意是老闆慰勞員工，後來卻變成員工準備表演節目以娛樂老闆的日子。

有些人很愛裝懂，也有些人不善溝通。但，這些情況都不會比想像的還糟，不用害怕，相信你的抗壓力也沒那麼弱。許多事就像一陣臭屁，時間過去便也就「風吹屁散」了。世代不同，當然價值觀也會不同，願意去理解彼此的立場，那才是真正的成熟。

就算對方是老師或教授等級，他們所說的話也未必完全正確，參考就好。對於資深前輩建議的事給予尊重，但絕對不是唯一的真理。方法與準則，還是要你親身體驗、經歷過後才能明白優劣。

在此也提醒成為別人前輩的你，對於新進同事，採取刁難或嘲弄的態度或許會讓人感受到短暫的快感，但，這麼做的人我覺得很可悲，好像必須仰賴欺負別人的手段才能擁有自信與自我認同，那根本在對外張揚自己就是沒實力才這麼做的。你的能力應該不只如此，要相信自己已經強大到可以包容身邊的人事物。**前輩要有大器的風範，要讓人因為你的能力而信服，而不是用地位與姿態來讓人屈服。**

再資深的老鳥都曾經是菜鳥，別忘了當初踏入陌生環境的緊張與不安，別忘了那時對於工作的生疏與挫折，我們走過來了，現在則是要帶著別人走過來。

資深，只是代表我們年紀比較大、經歷比較久，並不表示比較厲害、比較聰明。用資歷與年紀去壓迫他人只會使人反感，試著用經驗與寬容去帶領，而資淺者試著虛心面對前輩的教導，彼此尊重才能一起進步。

大叔便利貼

所謂的資深，不該是自大，應該要讓自己更懂得合作、懂得領導及看顧好資淺者的心情。你怎麼對待別人，別人自會怎麼對待你。

24

別讓愛情成了工作的一部分

出社會工作一陣子後，你應該會慢慢發現，平常跟你往來最頻繁的，未必是家人，而是公司裡的同事。每天忙於工作，下班後也沒什麼精力再去拓展交友圈，一整天待最久的場所就是辦公室，因此，公司裡的男女會日久生情，其實也是順水推舟的自然現象。

請務必提醒自己：**談戀愛是很美好的，但別讓愛情成了工作的一部分。一旦感情跟工作攪和在一起，一點都不可能浪漫了。**

如果與同事互生好感，進而開始交往，大部分的人會選擇在公司保持低調，這是正確的決定。也是對於你們戀情的保護，畢竟公司就像是微型版的社會，聲音總是從四面八方而來，難免有人喜歡閒言閒語、冷嘲熱諷，甚至是幸災樂禍。當這樣的話語到處流竄，或多或少會影響到你們的感情。最重要的是，別讓其他同事對於你在工作上的判斷與做法產生不必要的聯想，懷疑你是否抱持著私人情感，質疑你在專業上的決定。

人與人之間的情感確實可能會干擾到工作專業上的判斷。若不以成效優劣、進度快慢做為衡量標準，而是根據情感上的偏好來決定工作進行方式，雖不一定會對工作造成巨大波浪，但很有可能會破壞辦公室裡原本應該和諧的氣氛。

愛情，是非常私人的，只屬於你們彼此。**你不希望自己的愛情被人插手、干擾，別人自然也不希望你的愛情成為他工作上的絆腳石。**

就算你想把談戀愛公諸於世，但也要在辦公室保持專業度，別在同事面

 # 企劃提案
一種騙術。把50分的東西寫成70分的內容，再把70分的內容說成100分。

前打情罵俏，把公司當成自家寢室。你不希望別人在你家做出不尊重你的事，同樣地，公司也不會希望你在上班時間做出不尊重工作的事。

任何戀情都一樣，不要因為寂寞而開始，更不要為了他人的八卦而結束。如果你決定談一場辦公室戀情，就要做好遭受流言蜚語的心理建設，也要有萬一感情無法修成正果時的準備，別讓個人的私事成為其他同事的麻煩事。把工作和情感盡量分得清楚，談戀愛當然可以你儂我儂，但工作一定要平心而論。

談戀愛的過程裡，除了深陷其中的兩人，關係人還包括了：他的家人、你的親人、他的朋友、你的朋友、共同的同事，偶爾還會出現不相干的第三者。也因為加入各種不同關係的人，明明應該是簡單的感情，也在不知不覺中變得複雜，為了不同關係裡所產生的各式各樣問題，而讓彼此之間的關係逐漸變質。

因此，必須隨時提醒自己，要把重點轉回彼此身上，談戀愛應該是單純的、開心的，我從來沒見過關係複雜的愛情能夠開心、長久。

別讓工作阻礙了愛情，也別讓愛情影響了工作，無論是何者，都是可惜的。麵包自己可以慢慢賺，但愛情卻不是誰都能好好給。一旦遇到值得的人，務必請好好珍惜。

大叔便利貼

想要守護難得的戀情，就別讓它成為眾人的焦點吧。因為它而被質疑，因為它而不被信任，因為它而被誤解，再怎麼堅定的感情都很難維持下去。

25

把你們的愛，轉換成彼此的助力

對單身的人來說，找個伴不難，難的是找到一個不是將就的伴。我個人並不反對辦公室戀情，如果好不容易找到情投意合、價值觀相同的對象，而這個人剛好是一起共事的同事，有人會選擇忍痛放棄一段可能很難再遇上的良緣，也有人會選擇離開自己努力經營的工作職位，難道非要二選一，無法兩全其美嗎？

這世上絕大部分的事物都有不同面向，有好的一面，也有壞的一面。

愛，當然也是一把雙面刃，有可能傷到自己，但同時也會帶給你劈荊斬棘的

能力。愛情對於工作不會只有阻礙，我相信它是有可能轉換成彼此一同向上的助力。

讓一個人變得更好的方法有很多，像是擁有一段美好的愛情也是不錯的方法之一。突然在辦公室發生的愛情，未必全是可怕的洪水猛獸，也有不少因為彼此間足夠親密，讓雙方在工作上更能同心協力，因為了解個性上的細微眉角，讓兩人更有默契也較能體諒對方。

但，千萬別被愛情沖昏了頭，而使得工作效率變差，畢竟在辦公室裡做好工作，遠比談戀愛還重要。想要愛得堅定，無畏他人的蜚短流長，無視他人的冷眼看衰，這些都很重要，但身為公司的員工，你們更該做好份內的工作。戀愛的甜蜜，是兩人下了班之後再一起好好享受、營造，在公司，請用兩人份的工作績效來平息同事們的質疑。

在工作上，正因為心儀的那個人出現了，反而要盡可能把自己最好的一面表現出來，不只是在所負責的任務上盡力表現，當對方遭遇麻煩與困擾

 # 會計
負責公司財務的部門或職位，另一個專長是刁難你的請款。

時，更要展現能力，做為對方的後盾與推進器，讓彼此成為在工作上能夠互相砥礪的好夥伴。

愛情裡的「對他好」，除了盡力滿足對方的需要，同時也包含了不讓自己成為對方的阻礙與包袱。讓他因為你的存在而快樂，而不是因為你的存在而苦惱。

當你們的關係在辦公室已成為兩人不得不承受的困擾與壓力時，就算他沒說，你也應該自動保持「安全距離」，這不是容易的事。或許在工作上沒有對另一半有直接性的幫助，卻能增進辦公室氣氛的和諧，也能鬆動彼此的緊繃關係。而這樣的距離，也能讓其他同事重新將原本的看好戲的角度轉移到你們的專業能力；讓戀愛關係不再是工作上的阻力，同事關係也不再是兩人交往的牽制。

試著將自己對另一半的關愛轉換成職場上磨合的潤滑劑，也因為熟悉對方的思考邏輯，才能將因工作而造成的牴觸化為諒解；將兩人的默契發揮到最大，成為團隊攜手合作的絕佳典範，還能轉換同事不時看衰的想法呢。

美好的戀情應該是能夠互相扶持、一起成長。過得好很重要，但從來就不是一個人過得好，而是要讓兩個人一起變好。

大叔便利貼

當然是要為了愛而在一起，不要為了兩人在一起，卻消磨了對彼此的愛。

26

價值是自己的，不該是公司的光環

許多人求職都以跨國企業或知名品牌為首選。因為工作業務的需求，我時常會與跨國集團或知名品牌的客戶往來，對於他們的工作環境與內容多少有一點了解。頂著大名鼎鼎的企業光環，享受著優渥豐厚的公司待遇與福利，確實是令人稱羨的工作，當然也是需要擁有強大的能力及運氣才有機會進入這樣的公司，而且要有良好的交際手腕與工作實力，才能夠在公司裡生存下來。

然而，只要能夠進入知名企業，即使是做著不喜歡的工作也沒關係嗎？

我認為倒不必執著於此，別忘了，我們想做的應該是自己真正喜歡的工作吧。既然是喜歡、想做的工作，為何在規模較小的公司就無法了呢？說不定在小公司，還比較有學習的機會，也更有發揮的空間。當然，知名企業會有不錯的待遇與福利，但是，也別只想著活在大公司的光環底下，而是要建立起專屬於自己的存在價值。想想如果褪去名片上的公司抬頭，自己還剩下什麼呢？

正確的工作態度，不應該以頭銜做為個人考量的重點，先是在負責的位置上、職務上，將有限的資源發揮出最大的價值，展現個人實力，自然有機會擁有相對應的頭銜。

大公司的光環當然有其誘人價值，但絕對不會是評斷一個人優劣的標準。有些人認真負責，處事迅速明確，有大將之風，不會因為所待的單位小、公司規模小而掩蓋其光采；有些人做事懶散不用心，喜歡在背後毀謗他人，也不會因為身處在大企業就人品高尚、使人尊重。

 # 結帳日

通常是月底。大家忙著整理單據、按計算機，主管忙著簽核單據，會計部門忙著抱怨大家怎麼每次都這麼晚才送。

同樣的衣服穿在別人身上跟穿在自己身上是完全不同的感覺，我常自嘲其實根本不是衣服的問題，而是長得好不好看的問題。相同地，你的價值也不應該取決於公司規模大小，而是本身能力好不好、視野是否寬闊的問題。

假使你如願進入大公司、知名品牌，別成為別人口中那個空有閃亮招牌、卻沒有實力的傢伙，請讓自己的表現符合眾人對你名片的期待。創造屬於自己的舞台，而不是只能在別人已經搭好的屋簷下表現。

就算無法如願進入夢寐以求的公司，沒能達成當初設定的職場模樣，或許會讓你有些失望，不過，還是請抱持著希望，在現況中持續維持最佳狀態，而這些都是打造未來的重要基石。我們還是要歷經現實的磨練而不斷修正，找出最適合自己的方式繼續打拼下去，如此而已。

真正傑出的表演者，在任何環境都能完美演出，無法踏上夢想的大舞台並非自己沒有用，真正沒用的人是就算舞台已經搭在眼前，卻還不懂得把握機會好好表現。**無論是大劇院還是小野台，都要勇敢站上去力求表現，怕只**

怕沒有舞台展現自己儲備已久的能力。

我們必須了解自身的價值所在，才能展現各自的本領，每個人都是不一樣的。現在的我們，正因為是過去自己所做出的決定、遇到的人，慢慢形塑而成，內藏的價值也隨之而生。未來的我們又將成為什麼模樣，或許也可以這樣期待。成為什麼樣的人，比起名片上的頭銜來得更重要。

大叔便利貼

選擇工作環境不該是以規模大小論定，而該以是否有發揮空間、適不適合自己來考量。

27

想升級，免不了要打幾隻怪

不論是日劇、韓劇、鄉土劇等，每部戲裡都會出現為難、陷害、欺負別人的角色，那些反派角色總令人恨得牙癢癢，然而，不可否認的，多虧了他們的出現才讓整齣劇引人入勝、高潮迭起。事實上，類似反派的角色在我們的人生中從來都不缺，只有演技好不好、功力強不強的差別。一旦出現了，可就一點也不覺得精彩、有趣，只會希望他們有天能夠「改邪歸正」，讓我們的生活早日恢復平靜。

但，我要老實說，那些討厭你或你討厭的人，永遠都存在。

確實有不少人習慣懷抱著計較、嫉妒，或自以為是的心態來對待身邊的人，他們會在工作時找人麻煩，在說話時跟人唱反調，在公開場合嘲笑別人。那些成天籌畫著要如何打擊、嘲弄別人的人，難道不會因苦惱如何出手而不傷神嗎？動不動就對別人刁難、吹毛求疵，難道會不知道那樣的嘴臉，讓自己更討厭嗎？時不時計較著誰跟誰比較好、誰工作比較輕鬆，內心充滿「算計」，又怎麼會開心呢？因此，我非常佩服那些天天那樣做還能樂此不疲的人，何苦要讓自己那樣過日子。

喜歡欺負、嘲笑別人的人，心中往往佈滿陰影，某部分是自卑的，我們可以用憐憫心、同情心看待，但不需要求自己原諒。重要的是，想辦法遠離他，至少要保持一定的安全距離。

我們期望身邊都是善良天使，但遇到的大部分是妖魔鬼怪。換個角度思考，何不**把那些妖魔鬼怪當成是成長的反面教材，把他們視為你的人生教練。**我們都是打完怪才能升級，闖完關才能獲得獎勵。身上難免有些傷痕，不過，只要給自己回血的時間，回完血又能開始斬妖除魔了。

 # 年度預算
在工作上，你今年能夠運用的一筆錢，但你如果真的用完那筆錢，老闆會不開心。

也許，你會因為被身邊的人背叛或中傷而難過，但我們能做的是，選擇看開、讓自己變強。人本來就是複雜的、善變的。願意挺身相助的，通常是最親近的人；但最容易在背後捅我們的，往往也是最親近的人。有時伸出援手的，很有可能是不太熟識甚至是討厭的人。期許自己能成為那個對不熟甚至討厭的人也能伸出援手的人，如果不知不覺中成了會輕易傷害對方的人，那不是你，請把單純良善的你喚醒，不然只會將自己傷得更重。

有時，儘管不喜歡、不習慣，我們還是不得不試著融入團體，試著去面對那些虛偽做作，試著去應付那些明槍暗箭。相信在經過那些複雜之後，我們會找回原本那個簡單的自己，就好像要經過黑暗的現在，才能走到光明的未來。

平凡生活中，充斥著想法難以苟同或不可理喻的人，也不乏喜歡冷嘲熱諷或落井下石的人。我們不能理解這些人的邏輯究竟是如何形成，也不明白為何他們那樣說、這樣做究竟有什麼好處。不過，沒關係，那樣的人只是人生中偶而跳出來搶戲的小怪，事實上，根本干擾不了你前進的路。如果為了那樣的人停下了腳步，那才叫傻。

把時間與精神留給真正的大魔王吧，至於那些小怪們，別奢望他能懂，或期待他能做好，你只需要把該表達的說出來就好，把該做的事完成就好。對付小怪是等級低時才做的事，若要變得更強，你就要去應付更難的關卡。

大叔便利貼

我們總記恨那些推我們一把的人，卻容易忘記曾經扶我們一把的人。其實，推一把不難，願意扶一把才難。

28

與負面想法的人保持距離

與某些人保持距離是一種保護自己的方法，特別是那些會造成我們情緒或觀念上不良影響的人。這些人可能是朋友、同事，甚至是家人，一旦他們深入自己的工作與生活，只要有強烈的不適當言行與情緒，對我們的影響也會更為明顯。或許現在沒辦法完全遠離，也務必要與之保持一點距離，**不要讓無法控制的人拖累了本該持續變好的你。**

○ 第一種人，是情緒勒索者。

他們總是試圖從你身上獲得情緒上的支持，不斷地要求你關注他的問題。有些人的情緒就像病毒，慢慢侵入我們原本平靜、愉快的心。假使沒有設立界限，你的關心就像開啟了一道門，他會不停向你傾倒所有內心的不滿，還會要求你幫忙處理，甚至用彼此的交情來當擋箭牌，一步一步踏進你的生活，干擾你的工作，他們的行為會讓你感到疲憊和不適，使得你們的關係開始不健康。

保持距離是有必要的，這樣才能保護自己的生活與身心健康。你要讓他明白，願意傾聽、協助並不是理所當然的。凡事都有底線，有些事情是需要他自己去面對、去處理，那不是別人的問題。自己的石頭自己背，有餘力的人可以出手幫忙扶，但絕不可能一路為他扛到底。

○ 第二種人，是習慣批評的人。

總是對他人的行為和決策有意見，抱持著批評的態度，並且不斷地指出

 # 情緒勒索
就是一種「拿彼此的感情來耗損彼此的感情」的言行。或許一直達到他的要求，但也只是讓彼此的心越來越遠。

錯誤何在，這種行為會讓人感到自卑和不安，並且很難與之建立良好的交流互動。他們或許並不是刻意針對任何人，卻總是習慣貶低身邊的人，以顯得自己高人一等，假使別人因為他的批評與嘲弄而生氣，他還會怪罪對方是玻璃心，開不起玩笑。

嘲笑絕非玩笑，更不是幽默。真正高段的幽默，是懂得自嘲。如果你與這種把批評與嘲諷當有趣的人關係密切，也沒有明確告知你的底線，這會讓他誤以為你沒有脾氣，於是他的說話尺度將越來越口無遮攔，越來越喜歡對你指手劃腳。真正可怕的是，當你習慣了他的苛求與嘲笑，慢慢地，你將會自我懷疑，認為自己毫無可取之處，也會過得越來越不快樂。因此，與他們保持距離是有必要的，這樣能好好保護你的心，免得自信被消磨殆盡。

○ 第三種人，是凡事抱持負面看法的人。

總是對事情持有負面的態度，並且不斷地尋找、發掘問題，把自己困在悲觀與不滿的框架裡，認為好事不會發生，即使發生了也會馬上崩壞。他們還會阻止身邊的人去嘗試新的事物，認為容易失敗、問題不斷，不時把自己的消極、灰心向旁人宣洩。

和這樣的人相處，你會發現自己無可避免地總是被他的消沉拖著走，深陷在厭世與絕望裡。時間一久，導致你的心情低落，看待事情充滿悲觀，像是再勤洗的白布，被黑煙燻久了也一定會變髒，你的人生色調只會被他越染越沉重。

當遇到這樣向你不斷發洩負面情緒與想法的人時，我建議象徵性的安慰他幾句話就好，如果他不知改變，旁人永遠救不了他，我們該依自己的步調走，做該做的事。

面對上述三種人，我們不必選擇忍受與討好。世界上不會所有人都喜歡自己，即使小心翼翼、刻意迎合，不喜歡你的還是不喜歡。仔細想想，我們的生活只需要擁有幾個人的關愛，就能感到快樂與安心，若是貪圖想要讓更多人喜歡自己，而開始討好那些你不喜歡或不喜歡你的人，只會適得其反，反而讓你更不快樂，陷入厭惡自己的循環裡。記得，你沒必要讓所有人都喜歡自己。

想要越來越好，就要離那些帶給你負面情緒與想法的人越來越遠。

大叔便利貼

生活的壓力，通常是別人所給予的居多。減少被負面想法的人牽扯，學會保護自己，不浪費絲毫的心力與時間，讓自己能投入到真正重要的人事物上，一切自然會變好。

29

溝通，是為了讓自己好做事

你應該很常聽到「在職場上，會做人比會做事重要」這句話吧，老實說，我並不太贊同這種說法。對我而言，工作都做不好了，再怎麼會做人也於事無補。

但，若是把「做人」換成「溝通」這樣的說法，我就覺得有點道理。假使沒有好的溝通基礎，在團隊裡就無法合作與分工，也會造成沒必要的誤解與麻煩。**不是要你能袖善舞，也不是捧大家開心，才叫優質的溝通，而是要讓進度順利推行，更容易做事罷了。**

職場上的溝通，通常分為三種：對上、對下及對等。

對上的溝通主要在於取得信任與默契。我們都一樣，不可能在一時半刻就完全信賴另一個人。因此，要循序漸進地讓主管慢慢和你站在同一陣線。剛開始請先能聽懂對方說的話，別急著表現自己的立場與想法，而是懂得詢問公司的目標與主管的想法，再加入適當的個人建議，並再次詢問主管對你提出的意見有何想法，這是在培養彼此的默契，了解雙方的差異。重點在於，要讓主管明白你不只是聽得懂他的話，而且還能抓到重點，並且顧及不同層面並提出適當建議，就能取得他對你工作判斷的信任。

對下的溝通重點，就是交代工作要清楚確實，確保對方明白公司的目標、該做的準備，以及應達成的任務，最後，也必須要讓部屬有發表意見的反饋機會。不該期待對部屬下達指令後，事情就會自行完成；也不該認為自己的想法就是唯一的做法，而要給對方有提供不同意見的空間。這麼做的原因，除了讓工作的運轉是朝向彼此目標共同前進之外，還能理解到他人的想法。才能明白對方是否了解你所交辦的工作內容，減少工作執行後的偏差。

 # 同溫層

原是天氣用語，意指物以類聚。類似位階與遭遇的同事會相互慰藉取暖，而老闆與主管負責替大家降溫以免過熱。

至於對同儕們，「尊重」是基本的態度。不要把自己想得很厲害，無論能力多強，在別人的世界裡，我們永遠只是個配角。很多人說話不習慣經過思考，總是口直心快地傷到別人，卻又希望別人要體諒這樣是直率坦誠。可是，那肯定不是直率坦誠，而是會傷人的壞習慣。溝通，一定要先站在對方的立場思考，如果始終處於對立面，往往很難會有好結果。當你設身處地與對方站在一起，用相同的角度、高度看事情，自己也比較能設想對方的顧慮與需求，這樣才容易達成共識。

另外，也請盡量別在有情緒時做決定或溝通事情。生氣，只是為了吐心中那口難平的氣，是宣洩，但無法解決問題。無論是自己或別人犯錯，盡量別被當時的情緒影響太久。先解決問題、處理好事情，情緒再找適當的時間與地點發洩就好。

每個人都有自己的做事方式、邏輯與價值觀。你不喜歡的，並不一定就是差勁的。不將自己的觀念強加在他人身上，這是一種基本的尊重。工作模式各式各樣，每個人對於「好壞」與「難易」的定義並不相同，對於工作優先順序的看法也不一樣，不能一味地要用自己的標準去要求別人，你也不必盲目遵從別人的做法。

這個世界不會只能遵守某些規則才能運轉，職場也不會只能順從某些觀念才能做事。**良善的溝通，不是讓對方全盤接受，而是找出彼此間的差異與共同點，協調出大家可以相互配合、折衷的方式。**在這之間若能發現自己不足的地方就虛心學習，無論如何，做好該負責的工作，達成組織所要的結果才是最終目標。

大叔便利貼

別急著說服別人，而是先試著了解。了解別人的需求、疑慮及邏輯，才能找到說服的方法。

30

說閒話的人永遠都不缺

在大型組織內，員工眾多，難免會冒出此起彼落不同的想法、聲音，而且還會衍生出一個又一個的朋友圈、群組。不同個性、想法的人聚集在組織之中，多少會有磨擦，不同圈子裡，也各自流傳著其他圈外人的閒言閒語。就連認識多年的朋友都可能因為細微的摩擦而產生誤會，更何況是陌生、缺少理解，甚至存在利害關係的同事，除了可能會有的誤解之外，說不定還有人故意想要中傷對方。

或許，他們是用「創造共同的敵人來鞏固自身陣營的團結」這種思考模式吧？藉由說別人的閒話或放大他人的缺點，號召與自己友好的人一起攻擊、排擠對方，有共同的話題與攻擊目標，讓彼此關係更緊密，雖然會這樣做的人想法過於幼稚，可是似乎還為數不少呢。

有人會以談論他人的私事或傳言，來增進同事間的感情。在職場上聽過的任何秘密，從來就不是秘密，往往是經過不少人嘴裡咀嚼後再吐出來的內容。我們周遭很少有真正的秘密，更多的是虛無的八卦。

你做過什麼、說過什麼，就像是有一條魚會把它從海岸載到整片海域，只是到最後，它也已經不是原本的模樣了。

還有不少人是在暗地裡中傷對方，然後再若無其事地假裝與他感情熱絡。其實，多數人都沒那麼笨，只是裝傻，他們很可能認為問心無愧就好，不與人計較，想盡量對身邊的人友善，不輕易破壞彼此的關係。但，願意善良的人不代表永遠不會反擊，如果你不懂得珍惜、不懂得適可而止，終有得到報應的一天。

 # 混水摸魚
一種做事不認真或從中獲得利益的行為。沒關係，這種人總有一天會摸到大鯊魚。

喜歡說三道四的人在職場上永遠存在，所幸年紀漸長之後，我們對於身邊許多人事物也漸漸看得開，不一定是修養變好了，通常是發現反正也無法改變，何不轉換自己的心態去冷靜看待。

反正，在職場修行久了，就會有神功護體。**唯有讓心態轉變，懂得接納不同的意見，明白與人爭執、抗辯大多是沒用的。我們能做的，不是挺身反駁，就是問心無愧地做事，再交由時間來證明。**

有些人已漸漸養成不解釋的習慣，內心的很多無奈也無從分享，乾脆自我消化。會懂的人自然懂，不懂的人再多解釋也只會出現更多的誤解。所以不必太逞強，你演了半天，別人未必在意，在他們眼中，你不過是跑龍套的配角，又怎麼會去關心你的感受？你只需照顧好自己的心情，看淡那些談論你的無聊八卦。但，並非要讓自己一直忍受下去，必要時可以找位值得信賴的主管長談，讓公司組織來介入處理。

我相信，一個想讓員工願意共同努力的環境，是不會希望人才因為受到流言蜚語的困擾而離開。

那種聽進他人流言、卻不願向當事人親口實證的人，對於他的誤會不必太在意，不能與這種人成為朋友也不必太難過，你甚至該慶幸。我們需要做的，僅僅跟他保持工作上的基本交流就好，只要不妨礙到你領薪水，對於那些無聊閒話就心如止水吧。

大叔便利貼

不要浪費自己的時間去批評別人的工作，也不要讓別人的批評來影響自己的工作。

31

有餘力就多出點力

不管你是大主管也好，還是小職員也罷，都必須先清楚自己為何工作，目標在哪？工作，不是為了交朋友，也不是來找終生伴侶，有的話，那都只是附加的Bonus。

一般人的目標通常是能按時領到應得的薪水，用這份收入讓自己和家人過好一點的生活，如果能夠獲得一點點成就，那就是祖上積德了。想要讓公司願意持續支付你薪水，就得持續做好所被交辦的任務。但，如果你想在辦公室裡運用良好的人際關係來順利推動正在進行的專案，甚至讓老闆甘願為你加薪，這時候，更不該獨善其身，而是大方出手解決其他同事的工作難題。

人生不可能一帆風順，在工作上，我們多少會遭遇阻礙與難題，至於最後是否能迎刃而解，除了自身的能力與面對逆境時的堅毅，還必須取決於平時與同事們的互動。**很多難題，就算我們能力再好、觀念再正確，也未必能獲得妥善的處理，還是需要仰賴他人的協助才能成事。**

面對主管或同事的請託，在不為難自己也做得到時，就順手幫忙處理。這不是討好，而是累積你的「信任存摺」。但請記得，前提是「不為難也做得到」，別讓自己變成別人眼中的爛好人。平時若做了太多，對方可能會順理成章丟出自己的工作。在職場上，若不能讓自己的付出是值得的、有價的，最起碼，也要得到相對應的尊重。

累積信任是培養人際關係非常重要的基礎。願意協助他人、替他人解決問題，不僅可以為自己建立起和善的、親近的、可靠的個人形象，在同事或

 # 背黑鍋

替別人背負過錯。你看開了，以為至少有鍋子擋著，別人沒法再從背後捅你刀。結果他們還可以從側面來。

主管之中的評價肯定也有加分的作用。

想要往上爬，總要先抬腳；想要有好關係，總要伸出手，沒有坐等其成、不勞而獲的道理。不想多做事並沒有錯，但若想要有表現又不想多做，那是不可能的。如果想在職場上獲得被認可的讚揚，除了與同事培養良好關係之外，還有我一直強調的「先做好事，再來談做人」。在職場關係裡，無論對上、對下或對等，你有能力可以幫同事或主管多做些事，讓他們工作時輕鬆一點，或是解決了他們的困難，這不只是做好了事，還建立了良好的個人形象。

想要成為大家眼中的優秀人才，不單單是工作成效佳，而是願意在別人需要幫助時出手相助。職場上從不缺推託怕事的人，大家最終想要的是，還是能分擔困難、共同成長的夥伴。

用能力贏得對方的尊重，以熱心助人取得對方的信任。先做好自己該做的，行有餘力再幫忙同事。前提是幫忙別人是否會造成自己委曲，如果心悶了，就不要勉強下去。假使有能力的話，就再多付出一點。別小看這些付出，可能會在將來某個時刻回饋給自己。

未來你將成為什麼樣的人？就是透過這些小小的協助、細微的付出，慢慢堆疊出在別人眼中的形象，當彼此建立了良好的信任關係，自然便能獲得向上或升遷的機會。

幫別人也幫自己，你現在願意多付出一點、多為別人著想一些，一定會對未來的你造成正向影響，成為你變得更強大的養分。

大叔便利貼

沒有任何事情是微不足道的，你的舉手之勞都有其意義，光是願意在忙亂之中伸出援手都已經何其難得。

32

善良不該成為你的致命點

對人友善、熱心助人當然是優點，但你的善意與付出應該是有限度的，要看對什麼人與什麼事來判斷該不該幫忙與繼續付出。就算你盡量配合身邊的人，盡力達成別人的請求，也避免造成他人不開心，可是你最終發現，自己忙得團團轉，而其他人卻不再重視你，更不珍惜你的善意。

沒有人想勉強自己，往往是其他人沒發現你已經到了極限，而你又不想造成別人的困擾，只好硬逼自己咬牙撐下去。有時，我們需要的，就只是有人能對自己說一句「辛苦了」、「讓我來幫你」。

但，為什麼他們都不珍惜你的善意？我想，應該是你讓自己失去了原則，也讓別人不知道你的底線在哪裡。

對於別人的請求，若有餘力，當然可以從旁協助。但如果發現對方的要求很難為，卻不好意思拒絕，一旦接受了，內心只會覺得受了委屈；勉強自己的背後，絕非心甘情願，事實上，你不想拒絕別人的心態，也隱藏著不想被其他人拒絕、討厭的期望。因為擔心被討厭，所以不敢拒絕。自己討厭被拒絕，因而認為對方也討厭被拒絕。

然而，你忘了，自己不希望勉強對方去做他們不喜歡的事，對方說不定也這麼認為。被要求而不敢拒絕的人，往往也擔心不接受的後果，可是，這些擔心發生的機率趨近於零，卻因為一次又一次感到委屈，而把自己困在不快樂的情緒裡。對於身邊習慣利用你善意的人，請不要一直忍耐，忍耐不是美德，只會讓你變得鄉愿，說不定人家還以為你熱心助人呢。**對於不合理的、不想做的，也要適時反映，讓人明白你的底線，不然，別人可能永遠予取予求。**

 # 中槍
形容遭人攻擊與傷害。你以為躲遠就沒事，但沒想到身旁同伴的槍也會走火。

如果一定要做，雖然無法對於討厭或麻煩的事情裝作若無其事地面對，但，我一定會盡力讓自己好好處理完成。之後，再對著空氣開罵，適當宣洩情緒，這樣才有助身心健康。

做為成熟的大人，大部分是壓抑著內心幼稚的那部分而長成。但也別讓心中的那個幼稚的孩子消失，因為我們的快樂也來自於他。

沒有人應該要對另一個人好，要不要對誰好，都是個人的選擇，所以當有人願意對我們好，那絕對是難得的善意。任誰的付出都是有限度的，有限的不是自己對人的心意，而是對他人不懂珍惜、也不懂尊重的忍讓，再多的心意與忍讓也會被無視與無禮所吞食。

不論多欣賞一個人、再喜歡一個人，如果對方始終沒有善意的回應，難免會覺得自己是否太傻？說實話，不被人接受的心意，或許不算善意，反而會變成一種困擾。我們的好應該給予懂得的人，若因為給錯了人而變得討厭自己，那多不值得。

我明白你有時會感覺自己的用心被人輕視了，但，現實是這樣的——體貼的人，大家已經習慣他的體貼，偶爾忍不住委屈，爆發了，別人還會責怪你怎麼亂發脾氣；而暴躁的人，大家已經習慣他的暴躁，偶爾心血來潮對人體貼，別人就覺得大加分。所以，不必事事委屈自己要當好人，可能會讓別人以為你做得不夠好或多管閒事，反而莫名其妙招致討厭。

期望自己不被人拒絕，於是對於他人的無理要求失去了原則，那是自掘墳墓。唯有讓身邊的人明白自己雖熱心、善良，卻也是個有原則的人，那才會讓他們懂得尊重你、珍惜你的心意。

大叔便利貼

善良絕對是一種優點，但偶爾會有人把它當成你的弱點來利用。儘管如此，也不要為了掩蓋弱點，而捨棄了原本你該自豪的優點。

33

不必勉強融入不適合的圈子

「跟合得來的人相處，即使認識不久，也像是已經認識了一輩子那麼久。」
「跟合不來的人相處，即使是共處一分鐘，也感覺像是一輩子那麼久。」

這是一次與朋友聊到關於人際關係的話題時所出現的對話，同樣是「一輩子那麼久」卻有著不同的含義，中文真的非常有意思。

人與人之間的相處，彼此的頻率合不合拍，這是最基本、且最重要的。至於怎麼樣才是頻率契合，或許很難定義，可能是共同的話題與興趣，也可能是個性上的互補或相似，或許彼此就是莫名感到親近。但，跟某些人就是合不來，沒有共同的話題，彼此的價值觀也不同，甚至還會不明所以的討厭對方。

有些人天性不擅社交，偏偏辦公室就這麼一點大，如果不試著融入同事的圈子裡，似乎容易被誤會是個怪人，因而嘗試調整自己去迎合他人。能夠試著踏出自己的舒適圈當然值得嘉獎，但請記得，一個不擅長社交的人，經過一番努力與自我調整，雖然可以被周遭的人所接納，但未必能夠成為八面玲瓏、能言善道的人，只會過於勉強而感受到過大的壓力。多數人並不期許自己成為團體中的焦點，單純只求不要被人排擠而已，至於能不能交心，一切隨緣。而我則認為，照顧好自己，盡量做能力範圍之內的事，就是一種珍惜自己的方式。

喜歡結交朋友，當然是很棒的，只是**任何事情一旦變成強迫自己去做，內心一定不快樂，成效也不會好。**在公司，先求把工作達到要求、績效讓主管滿意；如果不喜歡社交，也不必太勉強自己，這並不是什麼嚴重缺點。

 # 選邊站

必須表明自己立場且通常是非自願的行為。一般發生在「我被要求表態，他也要表態才行，要死大家一起死」的情形下。

所謂的社交活動，通常就是一群人隱藏著寂寞與不安，努力向他人展現幽默感。或許你只是不喜歡自我欺瞞而已。

或許對個性活潑外向的人而言，與人交流是一種生活養分，可是對於我們這些比較內向的人來說，社交是一種消耗大量精氣神的活動。不擅社交並不代表孤僻或難相處。只是我們對於與人交流的需求沒有那麼多，外向的人或許會避免獨處、害怕孤單；相反地，內向的人需要時間獨處，讓自己重新恢復能量，隔天才有心力再去應付人際交流。

內向和外向並沒有什麼絕對，我們總有想要熱鬧與想要安靜的時候，只是頻率多寡而已。

曾有朋友及同事反映過，跟我很難聊天，好像我這個人對任何事都沒什麼興趣，只對於討論道理與工作時才會侃侃而談。我猜想，大概是因為我對事情不會執著，也沒有明確的喜惡，這樣的思考模式才能盡量讓自己過得比較自在吧？我沒有鼓勵大家要像我一樣，與人保持著自認適當的距離；只是覺得不必勉強自己用不習慣的方式與人相處，那樣撐不久，很快就會累壞自己了。

當然，也有時候不是對那個話題沒興趣，而是對那個人沒興趣。這樣就更不必勉強自己，把時間花在做好工作、充實知識還更值得！

大叔便利貼

沒有人想要被討厭，只是別人會用什麼心態來看待我們，那不是我們能夠控制的。與其努力讓別人喜歡我們，不如別讓自己變成自己會討厭的人。

34

將「我覺得」去除，成為優秀的觀察者

溝通，是人生中非常重要的一件事。在家庭，要跟父母、兄弟姊妹、伴侶或兒女溝通；在學校，要跟師長和同學溝通；在職場，要跟主管、同事、客戶與廠商溝通。在不同的環境，面對不同身分與關係的人，溝通的方式都要適度調整，如何適切地運用詞彙、語氣及帶動氣氛，確實是件不容易的藝術。因此，學習如何與人良好溝通，幾乎是現代社會的顯學了。

許多人努力讓自己成為優秀的溝通者，書店裡陳列著各種類型的相關書籍，有親子溝通、演說教戰，也有教導我們怎麼變成幽默高手，這類書往往都是銷售榜的常客。有些人熱衷參加各種與溝通相關的課程及講座，當中有教你如何成為簡報高手的，有分享管理與溝通的，也有探討如何讓自己受人歡迎的。樂於學習是很棒的態度，我也聽過朋友的例子，不僅會買書回家研究、還會報名各種相關課程；除此之外，連看電視節目也是他學習的一環，注意主持人與來賓的互動，將值得參考的部分記下來，就這樣一點一滴認真學習說話技巧。

透過學習與練習，任何事情都能得到一定的進步。但，老實說，不見得一定能進步到足以稱為優秀的程度。我們無法事事精通，每個人都有各自擅長的領域與技能，總有某些方面，可以做到「不錯」，卻很難達到「優異」。

如果你無法成為優秀的溝通者，倒也不必氣餒，不妨試著先做一個好的觀察者。透過觀察，我們可以明白周遭人事物的影響與關聯。**透過觀察，我們可以了解事情的原由與走向。基本上，優秀的觀察者，也會是一個不錯的溝通者。**

 # 升遷
工作上的一種獎勵，如「收入增加約一成，工作量增加三成，而老闆的期待增加五成」。

如何成為優秀的觀察者？請將心中的「我覺得」去除。

「你覺得」未必真的是「你覺得」，不妨先重新審視到目前為止的自己。無論是自己的興趣、購買的東西、執著的事物、做事的方式、對人的喜惡，還是家庭關係和人際關係等等。為什麼這麼做？因為要成為好的觀察者，首先必須讓自己能夠客觀看待一切，而過去的經驗與習慣都會影響到我們的客觀性。

而處理偏見及主觀的有效方法，就是先懷疑自己，然後跳脫開來，這樣才容易從沒有偏見的局外人角度來全新審視。**試著站在第三者的角度，這樣一來，我們的情緒與喜惡才不會影響判斷，也不會以預設的立場及期望來看待眼前的問題。**因為以局外人的角度，不站在本位立場，更能讓你懂得如何與對方溝通及看待問題。

與人相處時，不妨默默觀察別人的做事習慣、溝通方式、喜好與忌諱，透過日常的觀察，你將漸漸了解什麼話題是對方感興趣的，預測什麼方法是對方可以接受的，這些都有助於你成為不錯的溝通者。

培養自己成為良好的觀察者，除了能客觀看待與處理問題之外，也因為能從客觀的角度來學習他人的優點，借鏡他人的缺失，不會因為個人喜好或自己對他人的觀感而錯失成長的契機。

大叔便利貼

不懂怎麼做，不懂怎麼說，至少先懂得怎麼看。看別人怎麼做，看別人怎麼說，然後將它轉化成自己的養分。

35

小心自己的善意，卻成了對方的壓力

前陣子看了一集日本談話節目，節目中邀請了一位年輕的新銳導演進行訪談，內容主要分享他從一個原本與業界毫無瓜葛的素人，而成為電影導演的心路歷程。真正讓我對這段訪談印象深刻的原因，是導演說了一段他在拍片期間與一個美術設計的互動過程。

在美術道具組中，有個女孩長相清秀、氣質出眾，總是靜靜做事，完成的作品非常具水準，導演因而對她心生好感。後來，終於鼓起勇氣藉著討論工作，約她下班後一起吃飯，而女孩也答應了。之後他便經常約女孩在工作結束後一起吃飯或去居酒屋小酌聊天。觀察著女孩的態度，導演心想，她應該也對自己有好感吧，於是心情總是飄飄然。後來他才知情，女孩其實已經有了穩定交往的男朋友，她並不是因為喜歡他才赴約，而是礙於他是導演，導演等同於她的老闆，女孩擔心拒絕了，自己的工作可能不保。

於是，他終於驚覺到自己身為導演的權力原來如此之大，自以為是單純的追求，在女孩心中卻是權勢的逼迫；自以為是約會，在對方眼裡卻是應酬；單方面的示好，反而造成對方巨大的心理壓力。這件事讓他上了一課，認清自己的職位與權責，從此在工作上的待人處事更加謹言慎行。

我曾經對於自己是個沒有架子、願意關心同事的主管感到自豪，經常關心新進同事的現狀，噓寒問暖免不了，也會主動詢問有沒有工作上的問題需要協助。後來輾轉得知，有些人會對於我的關心感到不知所措。他們未必感受到我的善意，反而在心裡自問：我有哪裡表現不好嗎？還是我說錯什麼話了？為何飛哥總是特別注意我？

 # 扯後腿
你心想「他應該不會那麼糟吧？」，偏偏共事者卻可以做得比你想像的更糟。

身為管理者，或許會想要在部屬面前展現親和的態度與體恤的心意，可是那樣的好意卻未必能妥善地傳遞給對方，他們可能還會對這份好意產生猜忌，或者誤解了其中的含意，我們的關心卻變成對方的擔心。上位者無謂或過多的好意，很可能成為下位者的壓力。

或許身為管理階層的你，想要跟大家一同吃午餐，展現親民的一面，拉近彼此的距離，但部屬們可能為了不失禮節，顧東顧西，深怕沒把你照料好，反而使得他們一頓餐下來消化不良。想說下班後找同事一同歡唱，慰勞平時的辛苦，結果他們未必感到放鬆，甚至擔心你的一舉一動是否有著其他用意，全程繃緊神經。

任誰內心都有自己無形的小圈圈，不是任何人都可以隨意進去的。即使再小心，有時還是會不經意越了線，自認為是在示好、表達關懷，心想對方應該會開心，沒想到這樣的自以為是，卻在對方的心情罩上一層陰影，好意竟成了難堪的困擾。

適當表現善意，但過多、頻繁地給予，可能成了反效果。

身為管理者，你不一定要刻意表現親和，也不必想要與大家打成一片，與部屬保持適當距離其實是好的。這個**距離不是為了要展現權威，反而是讓部屬因為有著適當的距離而感到自在、沒有壓力。**

大叔便利貼

並非出發點是好的，就是善意。不被他人接受的善意，從對方看來，就是困擾與壓力。

36

不讓自卑演變為自大

在我們生活周遭，總不乏說話態度不客氣、習慣指責，或自以為是的人。有些人是因為年輕氣盛，從小就被身邊的人追捧著、禮讓著，剛出社會又沒遇過重大挫折，不懂得尊重長輩與體恤同儕，喜歡爭強好勝。也有些人則是個性直來直往又好大喜功，過度追求卓越成績，喜歡強調個人表現，容易得罪別人。另外，還有很大一部分的人則是過度的自卑。

有時，過度的自卑，會在不知不覺中扭曲成無可救藥的自大。

某些態度自大傲慢的人，其實內心充滿了自我鄙視與憎恨，同時又非常脆弱，所以經常不知不覺地啟動保護模式，認為大家都帶著「看不起」的目光，因而格外用盡全力力求表現，一旦冒出反對或否定的意見，內心暫時壓下的自卑感便會立即反彈，把一股腦的氣憤全部丟向周遭，因而形成與人相處的障礙，甚至是人際關係的衝突。

喜歡指責的人，通常是藉由指責他人的缺點來肯定自己存在的價值。喜歡說教的人，通常是想要展現自身的高知識與高價值，以突顯與眾不同的重要性。喜歡欺壓的人，則是懂得運用排擠的手段，讓其他人與自己站在同一陣線。

那些內心脆弱又渴望認同的人，有部分的人過分在乎自己的感覺，只要感覺一有不對，反射性地想要擺脫掉不好的情緒，便會立刻責怪、怨恨那些讓他感覺不好的人事物。相反的，自我感覺良好時，就不可一世，恨不得全部的人都要認同他，一起沉浸於他想像中的美好感覺。

 # 功德院
一種負責「請人工作卻少領薪水，要當是積功德，但功德卻不能用來吃飽穿暖」的單位。

若你自覺是個脆弱、自卑的人，第一步可能要先讓內在平靜，接納自己所有的缺點。知道有缺點並不是壞事，這樣才能不在乎外在的波動。有些自卑的人不相信自己有改變的可能，便把自卑當成了不順遂的藉口，阻礙往前進的步伐。內心的平靜雖然絕大多數是性格使然，不過，隨著經歷增加，則是可以慢慢改變的。透過**大量閱讀、持續思考，與人際間的互動學習，絕對有可能促進內心的平靜。**

有天，你將會明白，**真正的平靜是來自對自我的接納，對於缺點、脆弱與擔心都能有所察覺，並且欣然接受。**

如果你身邊有著總是利用虛假的優越感來建立自信的人，請理解他是自卑、缺乏安全感、需要認同的，他之所以會用自以為是的態度對待別人，甚至使用排擠、欺負的手段，或許是因為他覺得自己不如人，需要透過膨脹自我才能獲得安全感與自我認同，這是很可悲的。

我們可以不多一點同情，但也不必過分責怪，透過引導與指正，讓他慢慢明白自我價值的建立，不必藉由貶低他人，而是協助他人，以獲得眾人的認同。

當你有著以下的負面狀況時，請告訴自己：發怒，是一種不必要的情緒，不是發洩，而是懲罰；煩惱，用尚未發生的問題來折磨自己，是無聊的；自卑，用別人的優點來否定自身，是不聰明的。而你該做的，是對深受自己無理態度而被影響的眾人，表達歉意，人與人之間的關係，也會因此而有修補的機會。

大叔便利貼

一個喜歡比較、心懷忌妒的人，永遠不會成為對社會有益的人。自大與自卑，往往就是從比較與忌妒而來。

37

樂於讚美，少用批判

可能是成長過程中，華人家庭教育方式採打罵居多，輕則責罵，重則處罰，似乎不太習慣讚美，使得長大後的我們，對於別人給予的讚美而感到不好意思，我自己也是如此。過去的我總擔心讚美別人會讓人感到虛偽，被人稱讚時也覺得要更加低調，因為自己並不想受人關注，但微妙的是，內心其實是喜悅的。

隨著年歲漸長，慢慢發現——**適時讚美是各種人際關係的潤滑劑，而接受他人給予的讚美，則是一種願意肯定自己的表現。**

與人相處，彼此是互相的，需要互動、互惠、互助，有來才有往，有付出才有回饋。想要別人認同你、喜歡你的最佳方法，必須先給予「認同、喜歡」的訊號。想要別人做到你所希望的，當然也要努力達成對方所想要的。想要成為對方的重要存在，那麼，請你先自問，是否把對方也放在心中重要的地方，讓他們認為自己是重要的。

我們都希望能被需要、獲得重視、受人尊重。**或許我們有著不同的目標與喜好，但我相信每個人內心最大的動力，就是希望能成為重要的、有用的人。**在職場上，無論是同事關係、組織管理或團隊合作，當我們對於表現優異或條件良好的人表達讚美、欣賞與感謝時，對方就會感覺被喜歡、被尊重，並對組織團隊產生歸屬感，於是開始了良性的互動。

稱讚是體貼他人的舉動，即使說了稍微超乎實際的誇獎之詞也沒關係，只要你是真心喜歡對方，誠心想與他交好，我們都能接受所謂「善意的誇大」。但，如果以為說了幾句好話給別人灌迷湯，就想要對方馬上對自己好，或想要獲得感激，甚至心懷某些目的等待回報，這樣的手段實在拙劣，

 # 取代
職位被其他人事物替換掉。越是以為不會發生在自己身上的人，老闆越可能會讓它發生。

多數人並不傻，對於一個人是否誠懇、是否值得信任，或多或少都能感受得到。如果一直用虛假的態度來對待，結果非但不會如自己所願，他人對你的信任也會大打折扣。

把讚美別人變成生活中的習慣，會培養我們用美好、良善的角度去看待他人，真心讚美也是一種帶來快樂的禮物。反之，如果總是習慣看見他人的缺點，老是指責哪裡有缺失，只會成為團隊中的討厭鬼。但稱讚別人不能流於表面，沒有心意、毫無內容的說辭，對方聽了並不會感到高興。唯有發自於內心的讚美才不虛假，假使能說得恰如其分，那就是真正的人際高手了。

除了讚賞別人的優點與表現，其實，懂得感謝也是一種讚美。因為你的感謝，能夠讓對方明白自己做了正確的事，讓對方知道一點付出受到了重視，即使是做一件小事還能使人受益，讓善意無限循環。

試著讓自己習慣開始讚美，或許可以先從懂得感謝他人開始，遇到值得感謝的人事物，除了誠心致意之外，不妨再多一兩句「有你真好」、「你好棒」，這樣可以讓人更覺得自己被人需要，更讓人感覺付出是很值得的，下次更願意向你伸出援手。

大叔便利貼

用心觀察別人的優點與好表現，欣賞身邊人事物的美好，好好對待他人，這份美好終將會反饋到自己身上。

3

方式

埋頭努力並沒有用，努力在對的地方才行

38

再偉大的工作，也不該為它捨棄健康

每個人的價值觀不同，有人覺得生活品質很重要，有人會把家人的感受做為優先考量，但，也有人認為工作成就是他心目中的第一位。這些喜好與順位並沒有絕對的好與壞，只是必須從中找到平衡點，無論過於偏向何者，都會產生不好的影響。

或許你責任心強，也許你喜歡在事業上獲得成就與榮譽感，也可能你是工作量太大不得不花時間好好處理。不論你是哪一種，都需要不時提醒一下：再忙碌、再偉大的工作，都不值得賠上自己的健康。

大家都覺得要賺錢才有好的生活品質，但，沒有健康的身體狀態，哪來良好的生活品質？

如果你本身相當具責任感，又想在事業上衝出一番成就，這都將導致負責的工作變得忙碌，這時，更需要重視自身的體力、心理狀況。要有好的工作效率，就必須要有足夠的運動與適當的飲食習慣。

對我而言，保持運動習慣格外重要，定時定量的運動，除了能維持每天應付工作的基本體能，運動所產生的腦內啡也能帶來排解負面情緒的作用。另外，每天無論時間多寡都要留一點時間給自己，這段時間可以不用面對主管、客戶與同事，請好好休息，好好放空，或者找本好書細細閱讀，讓身心重新獲得能量。把時間投資在運動、閱讀及休息，我相信它們能讓你在工作的成效上得到超值的回報。

我過去對於工作總是非常在意，對於同事的協助也沒有信心，凡事都要親自做了或親眼看到才安心。後來年紀漸長，開始認清我也只有兩隻手，無

 # 死線（Deadline）
「越接近時，工作時數會越長，沒做完就死定了」的日期。

論能力多麼強，能夠做的也有極限，要懂得學會放手。**那些曾經以為非我們不可的事，在分工之後，仍然可以如期完成，說不定效率還比起全部都是自己做的還來得優異。**或許你的能力很強，但與其一個人做到累死，不如讓其他有能力的人一起幫忙更好。

每個人都在找尋自我，如何能被社會需要、被家人需要、被公司需要，找尋那個無可取代的自己，這一切的基本都在於——善待自己。有時候，拼了命地找尋著，卻沒有看清找尋的方向是否正確，後來才會發現，一直找尋的未必是美好的將來，反而是一點又一點地遺失了自己的健康。**請放棄用工作時間來證明自己能力的想法，這樣你才能解放自己，讓身心自由。**

用效率來展現自身價值，很少人會在意究竟別人付出過多少心血或是苦撐過多少時間，通常只會用「結果」來判斷一個人是否值得尊重，既然如此，何不找出有效率的方式做事，讓自己有時間可以休息、思考。我覺得能夠**有效率的做事，比起勤奮的加班，絕對更值得讚揚。**

你該試著設定每天的工作時間，減少工時有助於你從工作中找出真正重要的事情。一旦心裡認知你只有很少的時間可以把事情辦好，就會更尊重時間，更專注於處理要事，不浪費時間在無關緊要的事情上，自然就會提升做事的效率。

當我們不再用時間來換取工作成績，就能把時間用來換取其他有意義的事物來平衡理想的生活。

大叔便利貼

我們之所以能好好活著，就是甘願把部分時間用在那些不能賺錢、沒有生產力的事物上。

39

當事情越多，你越需要冷靜

我目前在服務的公司擔任管理職，相信不少人認為做主管一定很輕鬆，只要出一張嘴就行了，別人就必須因為你下的命令而做到要死。事實上，大部分的管理者未必如大家想像地那麼輕鬆，原本只需處理好自己份內的工作，變成必須負責團隊的所有事務，可以想見根本輕鬆不到哪裡去。

以我來說，要管理、協調二十個人左右的工作，每天要溝通、領導大約一、二十個大大小小的專案內容，查看或回覆上百封相關信件，更別說還有一堆「人」的問題要處理，各式各樣的眾多工作、問題亟需待完成、解決，很難不心煩氣躁。但，正因為事情很多，才更需要冷靜以對。

所謂工作，就是要在期限內完成該做的事情，以達成預設的目標。生氣，是用壞心情來懲罰自己；著急，是用混亂來折磨自己；煩惱，則是用未知的結果來驚嚇自己。這些情緒並不能幫助我們在期限內完成工作，反而只會拖累做事的節奏，既然如此，就不該讓壞情緒影響自己太久，摒棄不必要的想法，便會發現輕鬆許多。

事情很多或心情很煩的時候，不如找個空檔喘口氣、靜下心。工作一件一件的處理，總會解決的，並不會總是做不完也不會做不好，將心情妥善調整，有了好心情就能做好事情，唯有「冷靜」，才能分辨出工作項目的輕重緩急。

情緒管理除了自我修練與經驗累積之外，我覺得替每天、每週、每月，甚至每年訂定目標是最有效的方式。有了明確的目標，才能區分出哪件事情的重要性、急迫性。長期的目標，就建立時程表；若是短期的目標，則用筆

 # 過勞
意指過度勞累。大部分的老闆都認為這種事不可能會發生。

記待辦事項來提醒，期間可依進度與現況微調。透過時程表與目標計劃，便能夠清楚自己目前的進度是位在何處、接下來該往哪個方向、該用什麼樣的速度前進。因為清楚現況，就比較容易冷靜思考，迅速做出判斷，做事自然也更有效率。

我習慣把日常的工作待辦事項分類處理。比方說，**我會把待辦事項簡略分為三大類：正在執行、準備執行與醞釀中。**這三項也是我判斷處理事情先後順序的基本依據，**正在執行的工作最優先，執行中的事項再分成「自己可以處理的」與「需要別人協助或討論的」，自己可以處理的先做，因為這是最容易掌控的工作。**

每個人都有適合自己的待辦事項分類，將工作項目分門別類有助於迅速做出判斷，很快就清楚當下該做什麼事，不會被又多又急的工作給壓垮。

另外，當你認為無法客觀判斷某件事情時，請先擱置下來，試著用局外人的角度來看待，才不會讓情緒影響整個決策。或者，也應該考慮諮詢同事或主管的建議，與其不知所措，不如讓其他人來提供新的觀點，不要吝於發問，往往他人的答案能讓你發現之前忽略的視角。

大叔便利貼

先做好自己能做的，再來考慮需要別人一起做的。只要完成時間內能做好的，時間內做不好的，再急也沒用，只能請求協助了。先踏好腳下的步伐，再思考往上爬的路。

40

時間有限，找出腦力的最佳時段

一般來說，一天的工作時數是八小時，但實際上能夠專心工作的時間可能不到四小時。說不定，光是一場接著一場的會議就超過四小時了，然後是電話、回覆信件或同事們臨時的討論，甚至還要上網、回訊息。能夠好好工作的時間也許只剩下一、兩個小時，難怪很多人經常喊著時間不夠用，老是要靠加班來處理事情。

但，就算給足了八小時的工作時間，你真的能專心工作八小時嗎？我想答案是不可能。

很多人時間不夠用，是因為容易被其他瑣事給拖住：一會兒是被同事聊天話題吸引，加入閒聊行列；一會兒是部門在揪團購，忙著下單；再一會兒是上社群網站瀏覽，看看朋友動態，回覆留言。這樣東拉西扯，時間就這樣被耗費掉了。

說真的，就算是專注力很強的人，我相信也很難真正保持專注工作超過四小時以上，一般能夠維持有二至四小時高效工作時間是正常值。既然能夠讓你好好做事的時間如此寶貴，為了提高工作成效，一定要找出並善用自己最有效率的時間。

就我而言，每天的早上十點到十二點是處理事情最有效率的時段；其次是下午四點到六點，這時候的我，精神最容易集中，腦袋最清楚、思考能力最好、最迅速。如果問我為什麼，也沒有具體的答案，應該是自己的生理時鐘在這段時間內是體能與精神的最佳狀態。因此，我會盡量把需要專心、思考或有難度、重要的事情安排在這個時段，更容易做出成效。

 # 遠端遙控
本來是資管工程師從異地排除故障的方式，現在的老闆與主管也習慣用電話與LINE對部屬做類似的事。

為了善用這寶貴的高效四小時，甚至是不到四小時的時間，我通常會這樣安排：早上半小時用來回覆重要信件，剩下的時間用來處理專案執行事項或修改提案；下午的時間則是思考專案的內容，例如創意發想、專案工作協調與整合、回覆同事的提問。在這段時間內，我會讓自己保持專注，不上網、不看手機，全神貫注在眼前的工作，直到完成了一定的進度之後，才會看手機是否有重要的訊息。

基本上，雜事占據了時間很大的一部分，上班族的工作其實遠比想像中的更加支離破碎。因此，如何運用一天中最有效率的時間是重要的課題，找出你腦力最佳狀態的時段，只要不是職場菜鳥，我相信都可以預估出每項工作所需的時間及難易程度，盡量將需要專心的工作安排在那段時間。雖然不是天天都能在相同時間坐在座位上專心工作，有時會額外插入會議或其他行程，因此，要有備用的時段可安排，用第二順位的高效時間來處理事情。

工作很多，事情很雜，與其沒有頭緒的瞎忙，我們更該清楚時間要如何安排，把八成的精力用在兩成的要事上。

沒人喜歡加班，那是最後不得不的選擇，而且經過忙碌混亂的一天之後，無論是精神或體力都已經疲累不堪。在這樣的身心狀態之下，還要多出時間來加班，工作效率自然不可能好，能夠不糟糕、不出錯就該萬分感謝了。萬一必須加班工作，那就盡量用來處理簡單的、不複雜的事情吧。

時間有限，更應該妥善安排自己手上無限產生的工作。

大叔便利貼

我們未必能夠努力不懈一整天，至少聚精會神一小時就已足夠。對我而言，比起發呆八小時，寧願可以專注工作一小時。

41

如何寫出令人滿意的企劃案

當年我為了要進入行銷企劃這一行，可是在各方面摸索了很久，最後有幸能夠進入這個圈子，真的十分珍惜。也因此，卯足了勁想證明自己的能力配得上這份職務，於是閱讀大量行銷書籍，一有疑問，就請教從事相關工作的朋友或同事。要在知識與專業上有所成長，除了實務經驗，自我學習以及不恥下問永遠是最快、最紮實的方式。如果你會在意讓其他人知道自己的不足，卻不好意思發問，或許你並不是真心想做這件事情。

為了能寫出專業的行銷提案，我也下了不少功夫，讀了一些書也詢問過不少朋友，市面上教導如何撰寫企劃案的工具書多如繁星，要找到相關的資料也非常容易，例如企劃案的主要架構、內容重點等，都寫得鉅細靡遺。內容豐富、資料詳細，且邏輯清楚的企劃案是重要的基礎，但我後來發現，「了解你老闆或客戶的需求」更為重要。

別忘了，寫企劃案的目的是為了要說服我們的「老大」。

你的老大可能是主管，也許是客戶，要讓他們心中認可、點頭如搗蒜，才能順利將用盡心思、不知殺死多少腦細胞的心血結晶提案成功。因此，無論你的案子多麼有創意、資料多麼豐富、文筆有多流暢，如果「老大」不喜歡，套句廣告詞：「給我要的，否則一切免談。」。

因此，我在撰寫企劃案時，通常會以「5W1H」做為說明的重點：為何做（Why）、對誰（Who）、做什麼（What）、在哪做（Where）、何時做（When），以及如何做（How）。

 # 幫手
我們都希望身邊有這樣的人，但若真有這樣的人，你通常只希望他儘快住手。

為何做（Why）：執行這個企劃案有什麼好處？

對誰（Who）：我們的目標群是誰？參與者有誰？負責人是誰？

做什麼（What）：執行細節是什麼？執行重點是什麼？注意事項有什麼？

在哪做（Where）：在何處執行？在什麼媒體曝光？

何時做（When）：何時執行最適當？何時在媒體曝光最有效益？

如何做（How）：針對上面五點如何執行？如何分配預算及人力？如何減少錯誤？

再來就是「提案是否成功」的重點了。我會針對「老大」的好惡與習性來進行「微調」。例如，他喜歡出風頭，那就在媒體計劃中多安排對他的專訪；如果他「勤儉持家」，那就把執行預算控制到最低；也許他很重視效率，便特別把時程計劃表列清楚。

另外，我也會針對老闆的「習慣」來提案。例如，他喜歡在你提案時做「技術性指導」，在不違背自己提案之目標的前提之下，就順著他的意思修改；或者是，他不愛看太多文字說明，那就盡量用圖表來解釋。

還有，提案時我一定會有備案，但提案目標都是一致的，只是執行方式有所不同。萬一A案不幸被「打槍」，B案就可以立即上場作戰，這樣除了可以增加提案成功的機會，也讓老大知道你對於企劃案的用心與決心，就算這次沒能順利通過提案，也會大大提高他對你的印象分數。

總之，**對於自己的提案不要太堅持己見，懂得「擇善固執」，該讓步的地方就讓步吧。**如果你的企劃確實很優秀，當然要想辦法讓他通過，否則無論再怎麼優秀的創意，沒有真正付諸執行，也只是紙上談兵而已。

大叔便利貼

對於真心想從事某個工作、努力想在職場生存的人，一定會知道先顧好專業的裡子，再來顧自己的面子。

42

簡報的前三分鐘最重要

簡報是商務溝通中不可或缺的一環，它能讓我們向客戶展示自己的專業與服務，並為客戶提供有價值的解決方案。

我不是簡報達人，但因為工作的緣故，過去經常需要向客戶提案。老實說，我本來就是不擅說話的人，站在台上簡報對我而言是一件苦差事，我想當時坐在下方的客戶們應該也覺得很苦吧？

雖然我認為每個人最需要做的，是盡量放大自己的優點與擅長的事，但並不代表缺點與不擅長的事就可以完全不用改善。尤其當那些事是你必須面對的，不改善將會影響到你的發展與生活，或是造成別人的困擾，就要嘗試改進，即使做不到盡善盡美，至少別讓弱項成為你未來的絆腳石。

那時，我為了改善自己的簡報技巧費了不少心力與時間，讀了不少相關書籍，後來也隨著經驗的累積，慢慢形成了一套做法。

比方說，準備簡報前，我會列出大綱，把想傳達的重點與關鍵詞先架構起來。在做大綱的同時，也等於將整個簡報內容思考一遍。多數人對於圖案與數字較能快速理解，所以依據提案屬性不同，撰寫簡報盡量以圖像、圖表與數字呈現，把重點寫在備忘稿中以便提醒自己。最後，就是要勤加練習，任何事都是熟能生巧，演練越多，自然就會越加熟練。

然而，以上都只是基本功而已，**一場簡報的順利與否，關鍵在於開頭的三分鐘。**要讓簡報成功，首先需要在開頭就吸引與會人員的注意。

 # 三分鐘
以效率管理來説，事情完成時間少於三分鐘，就應該立刻完成它。但，要小心做了發現不只三分鐘。

開場的自我介紹是必要的，更重要的是，能立刻切入客戶的痛點，並展示自己有哪些方案與資訊可以幫助他們解決問題。若是沒有在開頭三分鐘內吸引注意，後續的簡報也不會有太多的互動和回饋。

商業簡報時，建議引用過去成功案例，這是最清楚且直接吸引大家注意的方法。大部分的人習慣將成功案例與合作過的客戶放到簡報的最後；不妨可以挑一個最大、最知名的客戶或案子放在前面，說明成功操作的過程，以及曾提供了什麼樣的協助，並且秀出亮眼的成果。如果可以的話，再補充與客戶合作過程中所發生的有意義小插曲，這會讓整場簡報的開場更為吸睛。

除了在簡報中適當地使用照片、圖表與數字說明，讓人更有記憶點與方便理解的做法，其實，還有另一個效果不錯的技巧。如果時間充裕的話，請試著在關鍵點加入「故事」。例如，在說明自己提供的解決方案時，分享在過去類似案例的某些情況曾遇到了什麼樣的困難，然後用了什麼方式來成功解決問題。假使自己沒做過，也可以引用新聞事件或著名案例來說明，只要故事內容符合要說明的重點即可。在簡報中適當地使用故事與案例，不僅能吸引觀眾的注意，還能讓我們提出的觀點更加深入人心。

總結來說，**簡報的前三分鐘至關重要，在最短的時間內吸引與會人員的目光，向客戶展示自己擁有哪些經驗和做法可以協助解決問題，並引用過去的成功案例，適當地使用視覺效果，簡單明瞭的語言及說故事的手法，迅速奪取聽者的注意力**。或是，你也可以有其他大膽的、具創意的方式表現，年輕的你從不缺創意，缺少的是如何讓創意實現的機會，以及為自己的構想承擔更多責任。做好充分的準備，不是為了向公司交代，而是給未來的自己舖路，表示自己沒有白費光陰，而簡報，就是一個展現自我實力的舞台！

大叔便利貼

職場步調快速，大家時間有限，在商業溝通時，思考如何在最短時間內讓對方理解，並切入重點，就是職涯發展是否順遂的關鍵。

43

將準備做好七八成，自然有餘裕

我是個在生活上很隨性的人，假日通常睡到自然醒，不喜歡安排滿滿的行程，當天想做什麼就做什麼、想去哪裡就去哪裡，不會事先規劃。對於旅行也是如此，當然會先規劃好住宿與交通路線，以及想去的景點與餐廳，不過，到了當地之後，未必會全部依原本查找好的景點走，而是依當天的心情而調整。

也因為是如此隨性，所以我在工作上反而更有規劃，為了有好的結果而做好準備。

之所以可以在生活上隨性，其實是在心中早已備妥了其他方案，才能處之泰然。休假時不必事先安排，那是因為我有很多可以用來消磨的事可做，閱讀期待已久的新書，看一部佳評不斷的電影，或是一場有趣的展覽……，有很多替代方案能夠挑選。旅行時，在當地的行程很隨性，那也是因為早在事前已經查好了資料，不用擔心接下來的行程該怎麼安排。

因為我明白自己既不細心、反應又不快，因此，更加注重工作前的安排規劃與前置作業。將預備工作做好，可以減少執行時發生錯誤的機率，便能預習執行時發生突發狀況的應變措施，進而提升執行時的效率與成果。

一般來說，**工作執行前的準備會是這樣的順序：先確認方向與步驟，再來依方向與步驟訂定執行計劃與時程，然後依循計劃與時程著手前置作業，最後再按照計劃做執行前的預先檢查與改進。**

在做任何事之前，一定要先確認好方向，如果連該到達的目的地都不知道，怎麼會知道該做什麼樣的準備呢？確認好工作的方向與目標後，就能開

 # 下班前
首先，你必須確認自己能不能下班。

始安排工作的步驟！若以旅行來比喻，決定好目的地是日本東京，要玩五天四夜，接下來就開始安排交通住宿，以及每天要去哪一個景點。

有了方向與步驟，就能擬定執行計劃與時程，也就是安排每天在東京的行程，從第一天出發到最後一天離開，行程該怎麼安排？點對點的交通時間有多久？景點停留時間多久？是否該事先訂位？是否要買門票？要準備多少旅費？許多方面都要事先做好規劃。

然後依循計劃與時程著手前置作業，該訂票、訂位的行程先進行，要列印的折扣券先印好。最後再按照計劃做執行前的預先檢查與改進，也就是旅行出發前的最後檢查，像是行程資料再核對，車票與機票檢查有沒有錯誤，護照是否過期等等，都是避免錯誤的重要步驟。

或許，不是每件事情都有充足的時間能讓我們做好完善的事前準備，不過，無論如何，都要至少先準備好七、八成的前置作業，剩下的，再一邊執行一邊修正，沒有準備就倉促執行，結果通常會慘不忍睹。

如果是無法預留事前規劃時間的工作，我的原則是婉拒，除非即便執行成果糟糕而對方也願意承擔。當然，不要受限於事前準備好的內容，我們終究還是要因應現實遭遇的狀況來改變，但那些狀況最好是我們預先就能考量到的。

大叔便利貼

無論做任何事情，事先做好準備，之後才有餘裕處理臨時想做或突然必須去做的事。

44

寧願多花時間注意每一個細微

我發現有許多人做事情會抱持著「完成就好」的心態。當然，將自己被交代的任務完成是工作最基本的要求，假使能在日常工作中再多用一點心思，我相信最終的結果肯定會更好，而且工作上的表現也會更令人讚許。

何謂在日常工作多用點心思？並不是要你樣樣苛求完美，若是能在平時就注意小細節，可以減少許多錯誤發生，至於有更好的工作成果，那其實是額外的加分項目。我寧願多花一點時間注意細節，也不希望在事後把寶貴的時間用來彌補錯誤。

比方說，你替客戶籌辦手機的產品體驗會，沒有事先測試手機，到了現場後，才發現有的沒電、有的無法正常操作，或者有的需要更新軟體，活動都快要開始，還在手忙腳亂。又或是，你從事電子商務，沒有在出貨封箱前再次檢查內容物，結果事後盤點發現有貨品短少，又花時間查詢出貨才發現多寄了其他產品，但客戶未必會承認多收到，出貨的損失只能自行負責。

如果我們能多一點用心，比如你是服飾店員，平時就有注意客人的喜好與尺寸，當顧客再度光臨，便可立即推薦適合的商品，不僅提升了對方的信任度，也提高成交的機率。

不論是你的老闆、主管，還是客戶，他們當然會在意你的能力，但是更在意的是你做事有沒有用心。與其做事迅速，不如不會出錯。能夠減少錯誤就是一種值得嘉許的能力。

我發現，有太多人不重視電子郵件的內容，可是，電子郵件是重要的商業文件，也是值得用心注意的細節。信件內容要言簡意賅，重點清楚，段落

 # 中流砥柱
急流中的砥柱山。在艱難的環境也能屹立不搖，這種人通常很辛苦，因為大家會抱著他不放。

分明，尤其是對外的信件要特別留意，不能有錯字，有數字的部分更是要再三檢查。電子郵件是商業往來中重要的依據，發出之前最好再重頭看一遍，當寄出的內容有誤，有時會發生難以挽回的後果。

除了電子郵件之外，通訊軟體的溝通也逐漸受到重視，例如Line，雖然快速又即時，但萬一訊息過多，有時會造成收到的訊息片斷、不完整，甚至會漏了或找不到之前的訊息；如果是很重要的事情，即使在通訊軟體傳過了，還是要用電子郵件清楚寫一封信好好說明，盡量減少溝通上可能會發生的錯誤。

簡報與提案的內容固然重要，但，具美感的排版則有助於觀者能直覺了解。搭配的圖片是否符合主題？文字的排列是否清楚易讀？圖表的呈現是否一目瞭然？這些都是必須注意的細節。大家的時間有限、工作也很忙，如何讓他們瞬間產生興趣，並且迅速了解重點與優勢，自然是提案能否成功的首要關鍵，如果一起步就跌倒，那麼，接下來的路只會更難行。

在撰寫與發送文件之前，也要不時提醒自己：我們做的每份資料都是為了溝通，文件內容是否讓人清楚易懂？

每個工作項目通常是由各種大大小小的雜事與細節所組成，如果不願意花時間與精神去處理枝微末節的小事，相對的，應該也無法完成值得稱許的豐功偉業了。明明是麻煩、複雜的事，卻願意耐著性子去做，還能把細節或瑣事處理得很好，那就是你負責任與實力的表現。

工作，總是有許多要去處理麻煩的時候，如果事情太多簡單、無聊，做久了你也會覺得無趣，不過，正因為這些事的組成，才能看得出你完成了一件很棒的工作。

大叔便利貼

把時間花費在該注意的細節上，絕對不會浪費，因為它總會在事後給予你相對的回報。

45

閱讀，讓腦袋重新開機

職場競爭激烈，市場瞬息萬變，科技日新月異，但也不必給自己過多的壓力，只要保持著願意學習、隨時更新的心態去看待眼前的工作與資訊即可。但有件事情務必謹記在心——閱讀，永遠是讓腦袋重新開機再更新的好方法。

我們並非無所不能，總有力有未逮的時候。但，無能為力並不代表就該完全放棄，而是明白自己在哪方面不足，開始盡力補足，別再對相同的事物感到無計可施。

但，要如何充實那些不足呢？我有以下建議方法：從自我的經驗中累積、跟優秀的人共事，以及閱讀各種主題的書。

我們可以**在每天所經歷的人事物中獲得經驗值，做重複的事是日常練習，做全新的事是突破自我，做錯誤的事則是吸取教訓。**能夠跟比自己有能力、有經驗的人共事更要好好珍惜，因為在這社會上更多的是只想打混摸魚、扯人後腿的豬隊友。能與優秀人才一同工作，可以從旁學習到各方面的事物，不只是工作上的應對方式與解決技巧，真正對我們最有幫助的，還包括他們待人處事的態度，以及面對工作難題時的思考。

除了看臉書，還要找時間多看點書。臉書可以讓你和這個世界有所互動，但書本則可以讓你發現不同的世界與心靈的感動。

工作或許忙碌，生活也許緊湊，空閒的時間可能不多，但只要撥出一點時間用來讀書便能有所回報。可能你正在讀的日文翻譯小說，讓你多少了解一點日本的文化習慣，說不定會在哪天被指派接待日本客戶時，成為與客戶

 # 不恥下問
不以向地位較低的人請教而感到羞恥。反正向地位高的人，也問不到什麼有營養的答案。

可以聊天的話題；曾經看過的行銷書籍，或許會在被老闆臨時指派去支援某個行銷專案時派上用場，它讓你有了基本的行銷概念，跟同事溝通時不會雞同鴨講；你正在讀的勵志散文，現在看時可能覺得怎麼全是廢話，也許在未來的某一天，當你遭受到突如其來的挫折時，將因為那本書的字句得到心靈上的救贖。

讀書的目的，不是為了學歷，更不是為了升職而去唸個學位，應該是為了自我成長以及滿足求知慾望。更何況現在的職場未必需要文憑那張紙，重點在於自身的實力，讀書就是用來提升實力與知識。

成長中最好的部分，就是慢慢學會做什麼是對自己有益處的。懂得適當的運動與均衡的飲食，對身體健康有幫助；暫時離開工作的旅遊假期，有助於心理情緒的修復；養成閱讀習慣，可以讓自身的知識與心靈有所提升。

工作總是會有不開心、不順心的時候，但可以從過往經驗與閱讀中明白如何調適心態與排解情緒的方式。當內心有所迷惘時，就翻翻身邊的書吧，說不定在閱讀的過程中頓時就會豁然開朗，提點出過去曾發生的錯誤，並且指引未來該走的方向。

有什麼是值得花時間的？沒有什麼比讓自己成長、讓自己愉快更值得的了。

大叔便利貼

每天空出一小時好好閱讀，或許不能帶來一輩子的幸福，至少能給予你知識與心靈的富足。

46

提醒自己思考三分鐘後再說

無論是在生活上或是在工作上，我經常會提醒自己需要回覆的事情必須先思考三分鐘再回覆。當然，並不是真的要思考到三分鐘，而是要提醒自己多一點時間先想一下、冷靜一下再回應對方，避免回錯了話、說錯了事，然後造成不必要的困擾。尤其是越緊急的事情，越有停下來整理思緒與情緒的必要。

在職場上，大部分的問題未必是自身工作能力不如人，反而是溝通能力決定了問題的走向。我常跟朋友說，良好的溝通能力並不是能言善道，而是要懂得少說藏拙，說得清楚明確。

溝通不困難，卻也不可以隨便，溝通方式會決定了自己在職場上予人的印象與表現。**你怎麼說話，別人就怎麼看待你。該好好思考時就認真琢磨，該好好解釋時就要條理分明，該好好道歉時就展現出誠意。衝動會破壞既有的形象，隨便將損耗常年累積下來的信用。**

很多時候，當下的情緒反應所說出來的話，可能是未經思考的應答，也許是一時的氣話，或許是心血來潮的玩笑；然而，不管是何種形式，傳進他人的耳裡卻都是實實在在的話。話中的字句代表了你這個人，關乎你在職場上所擔任的職位。一旦對外即代表公司，即使職位再低階也是如此，因此，特別要好好正視自己每一句話的重量。

試著給自己一點緩衝的時間。無論是用來思考怎麼回應、怎麼解決、怎麼拒絕，甚至是怎麼幹譙。

 # 職場霸凌
一群幼稚的人用自以為有趣、實際上卻非常無聊的方式欺負他人的低俗行為。

現在的我很少生氣了，即使真的忍不住動氣，也會盡快讓氣消下去，盡量不讓情緒影響到對事情的思考與判斷。生氣只能發洩，無法解決問題。當我發現自己發脾氣了，就會盡速離開現場或不再繼續同一個話題，等待情緒降溫之後，再來討論剛剛發生的問題以及解決事件的癥結點。**別讓情緒左右了我們原有的判斷能力，經常在公開場合發脾氣，那是非常不成熟的表現，也是團隊合作的致命傷。**

思考別人的感受與立場是體貼，正視自己的感受與想法是保有自我，兩者永遠是與人對話時最該重視的部分。唯有認清職場工作就是不停的溝通與解釋交互穿插而成的，對很多鳥事就能釋懷了，不再讓那些無謂的原則困住自己，也能坦然去面對那些複雜的人際關係。

與人開玩笑前，也要先想一下說出口的話是否得體。每個人都有自己的喜惡與忌諱，如果你說的玩笑話讓人不開心，即便認為這句話或這個動作沒什麼大不了的，都必須先認錯，而不是一付「你這個人怎麼這樣小氣」的態度去怪罪對方。捫心自問，你可能也會有不想被人提起、碰觸的地方吧，試著體會被人不尊重對待的感受，開玩笑與耍幽默沒有什麼不可以，但應該要以更適合的方式來表現才對。

大叔便利貼

多數工作並不需要「即刻」、「馬上」。別急，少出錯、達成目標才是重點。

47

先考慮不做什麼

相信有不少人知道暢銷書《怦然心動的人生整理魔法》吧，書中的重點是說收納根本不可能解決整理的問題，真正能夠解決整理問題的是——如何捨棄。

作者近藤麻理惠表示，找地方把東西收起來，眼睛看不到，乍看之下好像把問題解決了，但當收納空間又被填滿，環境還是會再度混亂，然後必須想辦法再次進行收納，於是陷入「整理、收納」的不斷循環中。**唯有丟掉用不到、多餘的物品，才能真正有機會一勞永逸。**

工作也一樣，某件事情我們正在執行中，發現另一件事好像很有趣也想試試，接著，別人又突然臨時插入請求協助，不好意思拒絕，只好幫忙處理，就這樣東忙一點，西做一點，結果到最後沒有一件事情做得好。很多人為了改善這樣的情況，於是向人請教或看書學習有效率的做事方法，但每天依然忙得團團轉，根本沒有改善，簡直欲哭無淚。

這都是我們忘了考慮問題的根本：**是否因為多做了一些無謂的事情，而影響到對自己真正重要的工作？**

因為收納空間有限，再怎麼整理也是徒勞。同樣地，我們的時間與能力有限，無法什麼事情都做，也無法事事都做得好，因而必須考量在有限的時間與能力範圍之內，可以做哪些事情，這樣才能把效率提升、把成果優化。

專注於自己能做的、想做的是必須，但我認為還要隨時注意及考慮有什麼是次要的，或者可以暫時先擱置不急著馬上做的，甚至是乾脆可以捨棄不做的。

 # 辦公室戀情

同事之間產生情愫。大家都知道，只有當事人以為大家不知道的戀愛關係。

我們常說做人不要貪心，現在連做事也不該貪心。要先明白在既定的時間與能力範圍內自己可以做到什麼，**工作是看成果的，沒有好的成果，即使在過程中做得多麼辛苦、累人，都是白費。任何會影響到你進行重要工作的事情，都該盡量排除。**有時，多做並不會加分，說不定還會讓自己減分。

如何思考什麼事情不該做？我想，首先應該要設立明確的方向與目標。例如，想要維持凹凸有致的身材，在運動與雞排之間，無論雞排多麼誘人，都必須捨棄。一旦有了明確的目標，就很容易明白什麼是當下該做的，而什麼會影響到目標進度，或者什麼是該暫時放棄的，剩下的，就必須仰賴意志力與毅力了。

另一個可以幫助判斷什麼事是該先放下的，不僅是做這件事得到的成果，也要注意可能會付出的代價。如果只看到眼前的利益，對未來需要付出的代價掉以輕心，可能會因為做太多事造成進度遲緩與方向混亂，也許還得為此付出不必要的損失，因小失大。

如果你是剛踏進職場的菜鳥，對於該怎麼分配工作時間還不熟悉，或者對於該做什麼、想做什麼還不清楚，不如先思考自己「不想做什麼」與「不該做什麼」。這樣的思考方式有助於你剔除掉很多選項，更明白在處理事情時該如何判斷，更清楚在未來的人生規劃上該如何選擇。

大叔便利貼

在猶豫能不能做、要不要做的時候，請先考慮這件事該不該「現在」做？任何不急於現在處理或是會影響重要事情的，建議你都不該做。

48

做百件事，不如一件事做百遍

擔任主管的人當然會希望部屬能夠做很多事情。假如你是老闆，一個是可以做很多事卻做得普通，另一個則是做了較少的事卻做得非常好，你會比較想要哪一種員工呢？

我明白大家都想要可以做很多事又能做得好的人，不過，那根本是可遇不可求的百年難得一見奇才，若要由我來選的話，我會選擇做比較少卻成果非常優異的人。如果是一個人無法完成的事，可以找多一點人來分擔，至少成果是良好的；若是一個人雖然能夠做很多事，卻未必能把事做得好。兩相比較，當然是以能把事情做得好的人為優先。

到底是成為全才比較好，還是專才比較好？一直以來，都是許多媒體會不時拿出來討論的話題，任何事本來就各有利弊、一體兩面，很難認定何者才是正確的。更明確來說，應該是不同的行業、不同的職務會需要不同類型的人才。

我在這篇文章寫到「做百件事，不如一件事做百遍」，並不是指全才不好，也不是鼓勵你一定要成為專才，而是在指我們面對某件事情的態度與處理方式。

有些人不喜歡做單調的事或固定的工作內容，其實不應該去排斥這些事情。既然這是必須處理的，與其懷抱著負面的心情、糟糕的情緒去做，不如試著轉換想法，用第三者的觀點去看待。比方說，多多思考做這項工作的整體脈絡，了解這其中的意義，就能進一步把自己放進去，如何透過這項工作展現自我價值。**大部分的工作本來就充滿了麻煩與無聊，用什麼樣的態度去**

 # 便利貼
用來做筆記的紙片，但總是忘記要看。有些人就算是貼在他額頭上也沒有用。

面對，將會決定你在職場的高度。如果做不了麻煩與無聊的事，我想你也不必出來上班賺錢了。

生活中總是需要處理很多制式的工作事務，明明是乏味的事，還是願意好好做、重覆做，而且還能做得專精、做得出色，才叫實力。所謂工作，總會夾雜很多一成不變的事情，若是能夠從中找出改善與提升的做法，自然能展現自身存在的價值。

想要提升自身的能力，最紮實的方式就是反覆不停地練習、不斷重覆去做，熟能生巧，反覆做一件事，一步一步前進，一點一點改進。當累積出一些經驗之後，成為專家、達人便指日可待。

就是這樣不厭其煩地不斷思考、練習、操作、執行手頭上的工作，抱持著耐心與毅力，便能精進做事的技巧，找到更有效率的方式。其實，寫作也是如此，需要不停地寫、持續創作，文筆才不會生疏，寫文速度才會更快，用詞才會更流暢。

或許你並不想成為專家，可是只要**想在職場上好好生存，那就必須培養可以持續做同一件事的耐心與方法，然後試著從中找到工作的樂趣。**

永遠要記得，這個社會並不會迎合你，而是你必須去適應這個社會。

大叔便利貼

別急著處理很多事，先試著讓自己能持續做好同一件事吧。

49

模仿是最容易進步的手段

讀過我前作的讀者，多少會曉得剛出社會的我，也曾經歷過求職不順遂的時候。想要進入行銷企劃工作是我的目標，可惜卻四處碰壁，不得其門而入，最後不得不改變方向，先應徵業務人員進入公司累積經驗。之後，很幸運地出現轉職的契機，終於能夠嘗試企劃工作，直到現在。

當時任職的公司從國外洽談了一個全新的品牌授權，急需成立新的團隊來營運，最快的方式就是直接從公司內部調動。主管來詢問我轉換部門擔任業務的意願，那時我厚著臉皮表達想要擔任企劃的想法，而新部門的品牌經理也非常大膽，願意給我機會挑戰看看，就這樣獲得了入門磚，他應該算是我職涯中的大貴人啊。

幸運降臨了，寶貴的機會也把握住了，然而，一個非行銷科系出身也沒有相關工作經驗的我該如何勝任這個職位，又該如何處理陌生的工作內容？當時幾乎是從零開始的我，**為了快速掌握工作的訣竅與重點，因而用了兩個基本招式：一是不恥下問，另一招則是觀察與模仿。**

當你真心想要完成某件事、某項工作，根本不會在乎面子，只會想要努力做好，讓自己還有機會能繼續做下去。

不懂行銷預算該編列多少、該如何分配，行銷計畫該怎麼寫，就去請教從事行銷工作的朋友或是其他部門的企劃；不懂廣告操作的邏輯與技巧，就直接詢問廣告代理商，依他們的經驗與其他品牌合作的執行方法，找到適當的解決之道；不懂各種通路佈置物和廣告文宣的材質與做法，便找設計部同事與製作廠商一起討論，不僅減少錯誤的發生，也能從中學習其中眉角。

 # 達標
達到目標。通常公司訂下的目標都會讓人很難達成，而且還會越來越高。

不懂就開口問，問不到答案就上網查，網路上查不到就找書看，我就是這樣一步一步將自己的行銷專業知識慢慢補足，況且行銷的手法不停在更新，消費者的習慣也不斷轉變，因此，必須不停的學習、不停的自我成長。

除了不恥下問，我還會默默觀察別人是怎麼做的。學習工作的處理方式、準備資料的方式，以及與人溝通的話術，看到好的部分就吸收起來，看到不好的就自我警惕。只要是優秀的、有效的或快速的就該試著模仿，**不要覺得抄襲是不好的，將別人的優點學習起來，然後融會貫通，甚至加以改進、變得更完善，轉化成自己的優勢，這才是最容易進步的方法。**

任何的創新，都是創造在原有事物的基礎之上；任何的成長，都是建立在過去經驗的體認之上。

學習別人優秀的做法與成功的經驗，或許是最容易、也最保險的，但也不要被過往的成功模式給遮蔽了對於新事物的判斷。無論從事任何工作或做任何事情，請不時提醒自己：**過去的方式與經驗都是現在擁有的基石，一味**

地複製，只會每況愈下，要試著找出可以改善的重點，讓它們成為能更進一步的踏腳石。

大叔便利貼

模仿是快速成長的好方式，但是要懂得轉變與內化，融會貫通並突顯出自身優點。一個沒有自我特色、與他人沒有差異化的人，是非常容易被取代的。

50

試著將眼前的事物分門別類

我一直鼓勵大家要有邏輯性的思考，但，這裡所指的「邏輯」並非什麼唯物理論、形而上概念的那種哲學用詞，而是指「對事物有效率的歸納和架構性的思考」。簡單來說，就是把事物分門別類，把工作架構內容想清楚。

有些人是靠自己的直覺或長久以來的經驗在做事，並沒有思考正在做的這件事究竟意義何在，或是想若在這過程中，改變原有的做法，是否會造成不同的影響。可是，有些人工作到了一個階段，便會慢慢看清手上處理的事務，不再以一件一件個別看待，而是以一種全觀、有系統性的角度來思考。

當你習慣用系統化來看待眼前的所有工作，便有助於判斷在同時處理多項事務的輕重緩急，比較容易迅速找出錯誤的環節以及能夠優化的部分。

對所有事情進行有效率的歸納和架構性的思考，那才叫做事的方法。專注於眼前的事情，就只是單純做事而已。

在整理房間或辦公桌時，一般來說，會先將物品分類放好，比方說，是否經常使用、依不同用途或依不同尺寸來區分，對於工作，應該也要用相同的邏輯思考才對。那麼，如何將邏輯性的思考套用在眼前的事物？在此，我分享自己的思考模式，你不妨用下列方法試著訓練看看。

先把所有的事物區分成兩堆：**重要的與不重要的。**第一步就這樣，很簡單，那些不重要的就不必煩惱了，先把它們丟到一邊。

接下來是分類。從這裡開始就要視每個人工作與需求的不同來調整，再找出適合自己的分類方式。把事情依不同的主題來歸納分類，而這些主題都

 # 濫好人
就算感到委屈，還是會願意幫忙別人的人。一心想著不要被人討厭，卻只好一直討厭自己。

該有系統性的思考。以我為例，習慣**把事情依時間用「緊急的」、「日常的」、「臨時的」來區分；緊急的事情當然優先處理，然後把日常該做的事解決掉，臨時加入的事情則是有空閒時再做。**這時，你應該看出來我的優先順序了。

每件事情可以視內容把它架構出不同項目，假如要舉辦一場生日派對，要怎麼完成這件事？這時，可以大概分類成「物品採購」、「人員與節目」與「文件準備」等，然後依照這些項目再細分不同的內容。將事情先分類、架構清楚，將會明白第一步該做些什麼，有助於減少錯誤發生，也方便團隊合作時的分工。

把事情有條理地分類，目的就是可以快速判斷眼前什麼事情該優先處理，接下來該準備什麼工作，以及評估工作的難易度。做事有了條理及準則，執行上就可以更快速、更有邏輯、也更有系統性，而且腦袋也更清楚。這種的思考模式，就很像是把辦公桌收拾乾淨，物品擺放整齊，文件也清楚歸納好。這樣一來，當需要什麼文件時，也因為事前有條有理的歸類，尋找資料的速度就快了，不會為了翻找資料而多花時間，而且也不會找不到了。

工作只要開始執行，就是以處理為主，這時反而要思考下一步該怎麼做，以及下個步驟的前置作業。當你可以用邏輯來通盤思考，因為明白事情的先後順序，可以有效分配不同的作業時間，對於眼前的工作自然能夠更從容以對。

大叔便利貼

將工作做成計劃、時間表，與其相信自己頭上那顆腦，不如相信桌上那支筆。

51

尊重專業，才是專業的表現

在職場上，我期許自己成為一個「專業」的人，提供客戶專業的服務、給予同事專業的建議。為了這份專業，我付出了不少努力，不斷吸收新知，學習他人的長處，不讓自己停滯不前，這是對自身工作的尊重。相對的，我也尊重其他不同領域的專業人才，因為他們為了自身的專業，背後也付出對等的時間與精力，大家因為工作或專案而一起合作，就是要借助相互的專業來讓成果更完善。

但，我時常在工作上聽到對於專業的不尊重。

公關公司操作媒體曝光，不就打幾通電話就好，為什麼要收這麼多錢？廣告公司提供行銷創意，不就是寫幾頁簡報，為什麼報價這麼高？設計師協助美感設計，不就是畫幾張稿子，設計費為什麼要收這麼多？攝影師捕捉光影的美，不就按幾下快門，一張圖片有必要這麼貴嗎？

公關公司開出的費用，是因為他們平時經營媒體關係就得花費不少心力、時間與金錢，也要熟悉各家媒體的眉角和記者的喜好。在接下案子時，還要發想什麼樣的議題和畫面是媒體與大眾感興趣的，不然，與媒體關係再好，沒有好的議題操作，效果也十分有限。

廣告公司的報價，不只是他們腦袋比較有創意，那是因為他們明白在不同宣傳媒介上該注意的重點，懂得現今流行的話題與趨勢，甚至要先進行各種不同的市場調查，了解目標族群的喜好，這樣才能夠提供符合品牌與產品特色且具有傳播力的好點子。

設計師所要求的設計費用，那是因為他們懂得在線條、圖案、文字與留

 # 辭職
無論用任何理由，其實就是因為「我已經受夠這裡了」而展現的一種最後手段。

白之間的比例拿捏，明白色彩、色溫之間要如何搭配才是恰到好處，甚至有些商業設計與產品設計，不只需要有美感，還必須懂得一些行銷概念與製造知識，這種專業可不是畫幾條線就行了。

攝影師所收取的圖片價格，那是因為他們除了天分，還花了不少時間從學徒、助理開始學習：如何捕捉光線、打光、運用現場環境、以及觀察拍攝物來判斷取景。而且拍完了並不是可以立即收工，還要後製，將照片調整至更符合客戶想要的感覺，這些都是需要很多經驗累積才能做得好。

台灣產業可能是「代工」習慣了，因為做代工的毛利太低必須斤斤計較成本，因而導致我們習慣用實際看得到的東西來估算成本，以成本來看待事情。不就是打幾通電話而已會要多少錢？不就是動一動腦子，怎麼那麼貴？不就是畫幾張圖也太好賺了吧？那些照片看不出價值在哪裡？**我們向來習慣只看表面的成本，沒有考量到那些工作與技術背後的辛苦、用心與無形的價值。**

另外，他們為什麼要收取高昂的費用，其實還有一個很大的原因——有太多不懂專業價值、不信任專業能力的人，喜歡把人家的作品東修西改或是朝令夕改，不停修改到了最後可能會變成一個不僅沒效果、甚至糟糕透頂的成品，以致於需要多少加收一些精神撫慰金與遮羞費才划算吧？

大叔便利貼

尊重，終究需要由我們的專業去贏回來。你想被人尊重，也要先尊重自己的工作，把專業表現做出來。

52

一句話會出現十種想法

「有十個人，就會有十一個想法。」

「為什麼？」

「因為其中一人有雙重人格。」

曾經聽人說過以上那則冷笑話，雖是誇大的玩笑卻不無道理，每個人都有自己的性格及價值觀，聽到同一句話，不同的人可能會出現不同的解讀與理解。我們認為正確的事物，別人未必會認同；而別人喜歡的東西，我們可能很難接受，這是很正常的。

不必害怕自己的意見被其他人反駁，也不必驚訝說出的一句話會引發好幾種不同的意見。正因為大家的看法有異，彼此才需要溝通，找出問題，在異中求同達成共識。也因為其他人擁有與自己不同的經驗與知識，才能從別人身上得到嶄新的知識與良好的意見，讓事情更順利，讓成效更完美。

身為管理者，不要擔心會出現各種不同的聲音，更不要憂心權威被人挑戰，若是完全沒有任何意見才需要擔心。管理者很重要的能力之一，就是讓不表達意見的人願意說出他的看法。或許，他之前說不出口是有原因的，比方說，因為領導者的強勢，剛愎自用，容不下他人的聲音；也有可能是他在部門與人相處出現了問題，遭人排擠，讓他不敢發聲。又或是他只是單純害羞、不擅長在眾人面前發表意見。只要有人心裡有想法不說，就彷彿失去了一個很棒的創意或改善的機會。

任何組織一旦成為一言堂是十分危險的，那不代表領導人很優秀，更多的可能是大家對於組織缺乏熱情、沒有向心力，對於事情是否能做得更好，感覺無所謂，對於問題是否能得到解決，不想關心。如果不改變，這樣的發

 # 精神喊話
把團體成員集合在一起，實施類似集體催眠，以求成員願意繼續犧牲自我，為老闆賺更多錢。

展只會讓組織慢慢走向死胡同。

要讓組織擁有多元意見，試著鼓勵那些不喜表達的人說出心裡的感受與對事情的看法，這需要不停提醒、不斷引導。發言，不是要證明能言善道，也不需要知識淵博，而是希望藉由不同角度與位置發現忽視的問題。即使對方說出來的意見並沒有實質的幫助，或者提出來的創意並不可行，也沒關係。可是，一定要在他表達意見後表示感謝，並讓對方知道你期待他下次也能給予意見，讓溝通保持正向循環，將會有更多人樂於提供看法。

剛出社會的時候，我也不敢對公司的政策或問題發表看法，擔心會不會被主管討厭，或是被同事認為愛出風頭，其實內心深處是有很多話想說的。相信很多人都抱持著跟我相同的心情，如果組織有人能夠改變，讓人願意說話，一定會出現煥然一新的氣象。

我們的能力與智慧有限，組織最後能不能達成目標，不是決定於個人的能力，而是眾人的態度。「一個人想要做很多事」跟「大家想要一起做好一

件事」所產生的力量是截然不同的。

大家想要一起做好一件事，肯定能創造最強大的能量，身為管理者，就該努力讓組織的成員願意為了讓事情更好而發聲。

大叔便利貼

不要吝於給予意見，能傳遞良好的觀念與做法是很有意義的。如果對於你說出的意見，別人完全沒意見，那才是真正的問題。

53

建立自己的資料庫，重點就好

工作是需要「累積」的，累積經驗、累積資本、累積知識、累積人脈，這樣才能有機會累積出自己想要的美好未來。

對我而言，建立自己的資料庫就是一種累積。在網路上看到實用或有益的文章就存成書籤；閱讀書報雜誌時，看到有意義、有趣的內容就筆記起來；看到值得學習的工作方法，也會默默記錄下來，持續不斷建立個人所需要的知識資料庫。建立資料庫最基本的習慣就是——文件資料的管理，找到對自己最方便、最有效率的記錄方式。

為了讓收集與記錄的資料達到最有效用的成果，首先，要明確知道什麼樣的資料是需要的。**不能只是單純地收集資料，而是要清楚收集來的資料，為這些文件資料畫重點、分類整理與記錄註解**等。這些資料不能只是為了記錄而記錄，最好要先了解內容。我記錄下來的資料，未必會先畫重點，通常是一邊閱讀一邊做筆記，先吸收文章內容、了解大意，畫重點是在找資料出來複習時如有需要才會做，如果一開始就畫了重點，很容易會只專注在畫重點的部分。事實上，先全盤閱讀過內容，了解其涵義才是吸收知識比較完整的方法，畫重點與寫下註解只是方便日後查找資料時的捷徑而已。

其實，**收集與記錄有用的資料，真正有意義的未必是資料本身，而是我們因為這些資料所帶來的領悟與改變。**

除了累積經驗與知識，在職場上，大家都明白要累積人脈關係，尤其是從事業務工作的人。但，不只是業務人員，每個人或多或少都需要不同的人脈關係與人際管道，在處理棘手工作或轉換跑道時，往往能透過他人的協助，讓一切更順利。

 # 心累
笑會覺得可悲，哭又覺得可笑。連幹譙老闆、主管或客戶都覺得浪費力氣的一種心理狀態。

「成功需要建立強大的人脈關係」這句話沒說錯，可是我覺得並沒有說出全貌。我看過許多人出社會後非常努力在經營人脈，不只經常與老闆、主管出門應酬，連休假還積極參加各種社團或聚會，比方說：青商會、扶輪社、校友會或各種讀書會等，現在有許多大學開設ＥＭＢＡ經營管理課程，有很多人上課是假借追求知識，實則為了拓展人脈、尋找潛在客戶。這些團體或聚會的立義都是良善的，隨著團體的人越來越多，影響力也越來越大，而關係與來意也越來越複雜。

有些人熱衷參加各式社團活動，以為認識更多人就有更多賺錢機會，幾乎全心投入在各式各樣的聚會中，花在應酬與社交活動上的時間，甚至比起與自己的家人、親友相聚還要多。可是就我所見，真正能從中獲得實質幫助的例子並不多。說真的，社會是現實的，如果本身沒有能力的優勢或業界的地位，對別人而言，便無可利用的價值，不管去參加任何社團，最後只能在裡面當個忙得團團轉的配角，對人生根本毫無幫助，只是浪費時間而已。

建立強大的人脈資料庫，最重要的，並不在於認識的人越多越好，而是

越精越好。就像是在做筆記會畫重點一樣，我們需要的人際關係也是重點就好。

什麼是「強大的人脈關係」？這些人即使未必是真心與你來往，卻能在需要的時候提供專業的協助，彼此可以公歸公、私歸私，生意上的往來不是為了交情而是因為彼此信任工作上的專業，這樣的關係才會堅實、長久。

大叔便利貼

建立知識與人脈資料庫，是在為自己的人生畫重點。一旦畫錯重點，你這次人生段考很可能會不及格，只能下次重考，不僅辛苦很多，也會特別心累。

54 要不斷質疑目前的做法

想一想，你身邊可能也有類似這樣的人：只會遵照別人的經驗與方式做事，只會謹守主管與前輩的指令做事，凡事不思考、沒想法，或是不敢提問、不敢質疑，只求把事情做完，能夠交待就好。這樣的人並不會犯下大錯，做事中規中距，成效總在安全範圍之內，一直處於持平、穩定的狀態。看似無害，實際上在現今職場環境裡，每個人都在想辦法求進步，若連做事都如此，原地踏步，根本等於退步。

首先要澄清的是，照著別人的經驗與方式做事，以及聽從主管與前輩的指令做事，這並沒有錯，學習與模仿是讓自己上手與進步的手段之一。循著主管與前輩的指令執行是最保險的做法，但，**能夠讓你持續成長、展現出自我價值，就是要不斷質疑目前的做事方法。**

經驗當然有其價值，但所有事情絕不會都按照過去的經驗做為標準，不論是別人或自己的經驗都只是踏板，要踏在其上向前進。有些人聰明、能舉一反三，不能因為他沒有足夠經驗而掩蓋了優點；也有些人做事方式隨便、不可靠，不會因為他有了豐富經驗就會變得不隨便。

資深，只是代表年紀長、早進公司且待得較久，並不表示能力比較強、做事相對有效率。

要讓企業保持成長，就該不斷在現狀中試著改善，哪怕只有一點點也好，食古不化將成為進步與展現價值的阻力，唯有不斷從現有的做法中找出更佳成果的突破點，才不會輕易被淘汰。

 # 模仿

又被稱為「致敬」。全世界的商業市場都看不起這種行為，但在某些國家，似乎把這件事做得越好越容易成功。

別讓資淺成為不敢表現的理由，不要成為一個橡皮圖章，就算是老師、長輩、主管或老闆，他們說的道理也未必是完全正確的，當做參考就好。真正適合自己的方案，永遠是親身驗證才能找出來。沒有任何做法與工作流程是完美無瑕的，我們不必追求完美，只需要從現在的方案中稍稍改進，就能找到更合適的做法。

任誰都有自己的做事習慣及價值觀。別人不喜歡的方式或你不習慣的做法，並不一定就是不好的。大家對於一件事的理解有太多種樣貌，對於「好」的定義不同，對於工作的思考模式也不同，千萬別被他人的想法與價值給侷限住了。

面對眼前的工作，要時時思考如何將它處理得更順暢、更有效，不要只想著完美，反而是要想著如何割捨，想著客戶在意的是什麼？想著做這件事情的價值在哪裡？不能達成這些結果的就割捨，好讓我們可以更加專注在值得花時間的部分上。

我們的時間不是用來傻傻做事，公司期望的是能夠讓企業持續進步的人才。當你懂得對眼前的流程做法心存質疑，別人的意見或經驗將是不錯的參考。未必原本的方法就是好的，要保持正確的心態，懂得從現狀中改善。

如果沒有認真負責、願意學習與反省自我的態度，任誰的經驗都幫不了你，唯有自己才能幫助自己。

大叔便利貼

別人可以告訴你解決方案，然而，決定要不要做得更好的人終究還是你自己。

55

寫履歷時，你可能沒注意到的重點

進入社會到現在，我也累積了不少寫履歷以及看履歷的經驗，雖然不敢說是履歷達人，卻也逐漸建立起自己的一套標準與心得，在此分享從中獲得的重點，提供給正在求職的朋友一些方向與技巧。

如何從履歷海中脫穎而出，進而獲得面試機會，首先要建立一個明確的觀念：**求職，就是要把自己賣出去。**

求職就是在行銷自己。看起來簡單，但許多人在找工作時並沒有「行銷自己」的意識，或是沒有落實去執行其中該做的細節。**寫履歷，就是讓公司對自己感興趣的敲門磚，也是最該做好的基本功。**

相信大家會有過因為某個廣告的行銷文案而去購買商品的經驗。同樣的，你的履歷表就是吸引企業注意的廣告文案，必須好好思考該怎麼撰寫才能突顯出自己的賣點，以便與其他求職者做出區隔，讓面試者有興趣想要更進一步了解你。

許多人會認為自己平庸，既沒有特色，也沒有過人的專長，根本寫不出吸引人的內容。事實上，我們大部分的人都是平凡無奇，請試著回想，你是否曾因為被亮眼的文案吸引而購入某件商品，事後才發現其實那個商品十分普通。再換個角度想，既然我們已如此平庸，如果再不用點心思行銷自己，怎麼跟那些條件優秀的人在求職的賽道上一較長短呢？

若你在還沒開始前就選擇自暴自棄，那麼，未來在職涯上只會更加艱辛。在你擔心比不上別人時，其實是不夠了解自己，不知道該怎麼突顯自己

 # 履歷表

只要把它想像成向對方求愛的告白信，說不定你就能寫得更好了！

的優點。**謙虛是美德，但總要有個限度，不能變成自輕自賤。**即使沒有過人的專長，也可以從性格特質著手，我們身上肯定有某些能力、特色可以做成「賣點」。以下是我在看應徵者履歷資料時會優先注意的地方，如果你正在苦惱如何撰寫履歷，建議可以從這兩個部分多下點功夫。

○人格特質可以多著墨

雖然學歷與經歷值得參考，但一個人是否適合職缺內容與公司文化，最重要的，還是取決個性如何、具備什麼樣的特質。心理素質與價值觀才是最真實的，左右著一個人的喜惡、判斷與選擇。經驗與知識可以累積，但人格特質卻是難以改變。

可惜的是，多數的履歷表在性格特質著墨不多，頂多是輕描淡寫地帶過，比方說，只寫「活潑開朗」或「成熟務實」就沒了。有人會覺得性格特質在面試交談時就可以大概知曉，然而，面試就像是第一次約會，彼此都會盡量表現出讓人欣賞的一面，卻未必能在過程中真正清楚對方的優缺點。因此，求職者若能在履歷上多描寫自己的人格特質，肯定會引起我的注意，加重印象分數。

怎麼寫自己的性格特質比較好呢？這跟寫作文一樣，沒有什麼絕對公式，也不必長篇大論，畢竟面試者要看過無數封履歷，無法花太多的時間，因此，只要多一點形容與舉例說明，讓你的特質看起來更為立體即可。

例如，與只寫「活潑開朗」的差別，可以多寫一點像是：我的個性活潑開朗，當團體的氣氛低迷時，總會想辦法帶動氣氛，朋友都說我是冷笑話天王。我喜歡和大家共同完成一件事的感覺，也期望自己能在過程中有適當的角色與功能，即使只是幫忙加油打氣，也會非常開心。

○ 工作經歷記得量化

撰寫履歷時，工作經歷是必寫項目，這也是面試者用來判斷求職者過去經驗是否適合職務的重點，可惜絕大多數的人只是單純填上公司名稱、職稱與年資，其實還可以再多寫一點內容，讓自己的履歷加分。

除了單純填上工作經歷，不妨把自己過往的工作實績「量化」，在自傳或適合的欄位補充量化後的工作成績。例如，應徵總務工作的人可以寫「曾建議採購環保回收用紙與影印紙回收再利用的方案，替公司節省20％預算」，應徵專案經理的人也可以寫上之前執行過的專案經驗，像是「超過原訂目標額120％」、「服務15個品牌客戶，執行過25項專案」或是「輔導商家業績提升8％」等。

可能有些人覺得自己從事的工作無法被量化，事實上，絕大部分的工作內容都可以做到。比方說，餐廳服務生可以寫最多服務幾桌、獲得客戶評選服務員等；如果是超商店員，則可以說明一天負責的職務內容有多少。我相信只要仔細思考，任何工作都有值得寫出來的量化成績。

人通常對於數字往往比較容易理解與閱讀，盡量將工作上做過的事情用

數字來呈現，不只方便閱讀，也可以突顯出你的工作表現與做事能力，能夠讓人對你的履歷印象深刻，進而增加面試的機會。

以上兩點是我在瀏覽履歷時會特別留意的部分。不要狂妄自大，缺乏自知之明，以為世界是繞著自己轉的，但也不要自輕自賤，謙卑過頭，覺得沒有自己的立足之地。

行銷自己，不是要吹牛說大話，更不是要欺騙，而是懂得將值得突顯的特質、成績或經驗適度包裝。你得先有行銷的觀念，用心思考與盤點自己的優點，再將其強化與包裝，把握「清楚、易讀、重點」的原則，自然更有機會在履歷海中被人發現、留意，並邀請面試。

大叔便利貼

履歷是你邁向理想職涯的第一步，客觀地看待自己的優缺點，盡量突顯特質與量化能力，並且在每次面試時把握機會詢問對方，是否還有可以改進的部分，以調整出最佳的寫法。

4

生活

生活不只是工作，善待自己才是最重要的工作

56

每周一天，放下手機

手機，對現代人來說，已經不再是單純通話的工具，而是與生活緊密連結的重要物品。出門沒帶著手機，除了無法與人連絡，似乎很多事也會變得不便，例如：有人會找不到路、無法即時處理工作、不知道哪裡有符合自己需求的咖啡店等等。但，撇除這些不便利，我覺得多數人無法離開手機的原因，都是因為手機成癮。

近年來，有越來越多的聲音，提倡放下手機或遠離社群網站，因為我們漸漸意識到數位產品對生活的影響，說不定還是造成壓力或不快樂的來源。

然而，還是有人即使知道卻仍然不想改變。很多時候，那些做不到的外在理由，都是自己不願意，或根本不想。

之前讀到了《和手機分手的智慧》，書中提到的「數位排毒」是個相當值得實行的觀念，放下我們身邊的數位電子產品，不使用網路，與外界暫停連繫，好好感受身邊的事物，回到過去那樣單純簡樸的生活模式。

暫時放下手機，可以帶來不少好處，例如健康的心理狀態。有越來越多專家和學者擔心，沉迷於數位產品，會讓人減少思考，提高腦部退化的可能性；對手機產生依賴，也會造成情緒容易焦慮、不穩定。另外，花費太多的時間在社群網站，並不利與人互動，而且多數的貼文都是在分享過於夢幻美好、甚至是炫富的生活，導致有些人看了，容易產生比較心態或自卑的想法。不如手機放下，與親友多一點面對面的交流，把注意力重新放在周遭的人事物上，對我們的溝通和社交能力，以及心理狀態都會有良性正向的影響。

我自認為也有點「手機成癮」，於是開始實行「數位排毒」，每周一天

 # 手機成癮
就是一種每天看手機比看身邊的人還要多的行為。就像當年大叔以為戒菸很要命，結果發現簡單的要命，你也能戒的。

讓自己遠離手機，平時上班不太可能做到，所以都是在假日執行。或許是我本來就沒有憂鬱或躁鬱症狀，因此，在心理上並沒有顯著的變化，不過，減少了使用手機的次數，把時間聚焦在生活上，不再侷限小螢幕的世界，重新獲得與人交流與閱讀的時間，久而久之也增加了更多感知的能力。

剛開始遠離手機時，確實會感到不安與不自在，一旦把時間重新分配，用在與家人、朋友、同事，或認識新朋友互動交流，以及用在學習、嘗試新的事物，替自己找到新的連結與重心，反而感覺生活更為踏實。

有些人不自覺會為自己增加壓力，可能是出自於比較心態，擔心追不上別人、害怕錯過機會，然後，我們身邊的數位產品成了加重焦慮的幫兇。事實上，**手機與網路確實帶來了效率與便利，我們該學習怎麼善用這些便利的工具，而不是一味地沉迷數位虛擬，卻忘了真實世界的美好與價值。**

要記得，**手機是輔助我們生活的工具，別本末倒置讓手機控制了自己的生活。**也要自我提醒，不必時時刻刻與人比較，在社群網站上，人們通常是

「報喜不報憂」，只會分享生活中快樂的、美好的事物，而生活中的辛苦與艱難往往只有自己知道。

我們該把焦點放在對的地方，至於什麼是對的地方？只要是讓自己越來越好，那就是了。不要拿他人的優點來貶低自己，不要用力有未逮的事來懲罰自己，也不要讓沒有意義的人事物消耗自己。

一周一天，放下手機。**重點不在手機，而是讓我們有時間重新檢視自己，把心力重新對焦在正確之處，想過什麼樣的日子，試著往那方向反覆的思考、嘗試與調整，就能慢慢靠近那樣的美好。**找一天試著擺脫手機的束縛，讓心重獲自由，發掘對自己有益的、喜歡的事物，自然就能越來越好。

大叔便利貼

手機是輔助工具，別讓手機反過來控制了你。暫時放下手機，把心沉澱，重新檢視生活，讓自己把心力和時間用在重要的人事物。

57

當個廢柴，沒什麼不可以

「你的夢想是什麼？」

這個問題根本是小時候常見的作文題目，也許你已經被問過不少次，但，是否可曾認真思考過呢？小時候在寫夢想時，應該毫無頭緒吧，也只能從幾個聽過的、好像很厲害的職業中挑一個比較容易下筆的來寫。長大之後，再次被問到願望或夢想時，可能會隨口說說要賺到足夠的旅費，豪邁去環遊世界。但，那些夢想真的是你內心想要的嗎？

應該有人是認真思考過「夢想」的，也曾經想要努力實踐。可是到了後來，那些曾經有的夢還沒觸及，反而看到身邊的人拼命工作、努力賺錢，當大家都這麼做時，如果不跟著做，似乎走在相反的道路。於是乎，你也開始認為是否要存夠了錢才能思考夢想？好像要有錢才能去做想做的事，對，這就是你要面對的現實。可是幾年過去了，現在你面對的，依然還是現實，現實不斷輪迴。但，真正的夢想在哪？

一直以來，我對於那些鼓勵大家「從小要胸懷大志」、「夢想要偉大」、「要努力不斷工作」或是「要賺很多錢」等價值觀是抱持著反感的。難道只有賺大錢，才符合普世價值嗎？人生一定要不停工作，才能體現個人價值？**每個人想擁有的生活並不同，對於自己生命價值的想法也不同，真的無需勉強將別人的價值觀與生活模式硬套在自己身上。就好像穿著一件不合身的衣服，既不好看，更不可能舒適自在。**

「生平無大志，自在過一生。」這是我對朋友說過的話，甚至開玩笑說這句話將來會是我的墓誌銘。

 # 打槍
對你提出的內容感到不滿意，進而否定。但，有時只是對方單純想要否定你而已。

我相信一定有人對於人生的期望不高，只求擁有還可以的生活，工作不要超時過勞，有足夠的時間休息，閒暇時刻還能做點自己感興趣的事，如此而已。但，現今社會似乎連這麼小的期望都未必能夠達成，於是有些人決定跳脫既有的環境與框架，選擇跟大家走不同的路，決定自己想過的日子。這樣也挺好的，不是嗎？

生活不是只有賺錢，人生也不是只能上班，有些年輕人選擇過著閒散寬鬆的生活，靠著打工賺錢，一周工作三、四天，其他時間則用來做自己想做的事情，喜歡閱讀的人可以看書，喜歡手工藝的人可以學習，或是利用時間從事公益志工……不需要過著高貴的物質生活，卻可以選擇想要的、有品質的生活。

「消極的選擇不也是很好嗎？雖然逃跑的方式很丟臉，但是能夠活下去更為重要。關於這一點，我不接受任何異議或反對。」——日劇《月薪嬌妻》津崎平匡我覺得這段話很有意思，**任何選擇都應該是為了自己好而做出的決定，只要是這樣，其他人有任何異議都無所謂。**

希望我們都能不再依循著他人價值觀而決定自己想要走的路，也不要再壓抑心中真正想要的願望，只要是對自己有意義的，即使在別人眼中是廢柴也沒關係。最重要的是，你所要過的日子是自在的、且具價值的。

大叔便利貼

做自己想做的事情才會開心。人生的課題之一，就是如何延長做想做事情的時間。

58

不要為了滿足別人而委屈了自己

在《開始，期待好日子》，我曾寫過：「不要用自己的時間去批評別人的生活，不要用別人的意見來決定自己的生活。」

除了不要用別人的意見來左右目前的生活，也不該為了滿足別人的需求，而去做不是自己心甘情願的決定。

生活中，總會有人企圖影響我們做事的方式、喜惡的判斷，甚至是未來的道路。有的是直接給予意見與建議，期望你依他的意思照著做，或是乾脆用命令的語氣要求你必須這樣行事。也有些人不明講，卻總是在言行之間隱約透露出盼望著你能達成什麼事或成為什麼樣的人，如果不如他的預期，便會強烈感受到來自對方的明顯失望。有些人則是不會要求你、也不會期盼著你成為什麼，只是在旁邊冷嘲熱諷，用他的「看不起」來影響你。

你我都是獨立的個體，當然要懂得如何過生活、為自己工作，也要明白不必為了別人而活。

為了體貼而迎合，那是一種不平等的善良，順應別人卻委屈了自己，最後還可能被當成理所當然。一路走來，我們用體貼餵養了不少將自身價值觀強諸在自己身上的人。因為不想破壞彼此的關係，想對身邊的每個人好一點，而隱忍了真正的想法，讓別人覺得比你有經驗、比你聰明，而你就該聽從他的話。其實，你一點也不笨，也明白想要的是什麼。

但最令人難過的，不是過程中的挫折，而是當你好不容易鼓起勇氣，要對別人說明自己的目標或決定，或是向人訴說曾經遭遇的辛苦，卻只得到輕

 # 十八般武藝

能夠使用十八種武器，多才多藝。老闆希望員工能夠擁有各種技能，不過，他只會付一種技能的錢。

視與冷漠的回應。沒關係，我們本來就不需要別人來肯定或支持，未來的路終究要由自己來走。

我們所做的任何事，標準不在別人身上，而是要和過去的自己相比。套用別人的價值來衡量自己，並無法增加自身的價值。在做任何決定前，不妨先問問自己，能不能比過去的「我」更進步、更成熟？是否符合內心所信仰的價值觀？

不必為了獲得對方的刮目相看而去努力，就算一時對你有所改觀，但也僅只於一時而已。人們真正在意的還是自己，至於別人如何，頂多就是「他好像不錯哦」、「很努力」的看法，注意力只會停留在你身上一下下而已。

試著過好自己的生活，而所有的作為，都應該要對得起內心那個純良的自己，至於周遭的人是否會讚賞、稱羨，那也只是附加的，並不是主要目標。

永遠不要為了滿足他人去做任何決定。就讀什麼科系、選擇什麼工作、用什麼方式過生活、跟什麼人交往、要不要結婚，我們只需要對自己負責就足夠。**我們永遠都無法滿足任何人，這次順了他的意，對方只會認為下次也該聽他的，只會讓他們有可以一直對你的人生予取予求的錯覺。**你不是他的寶可夢，不用被他所馴服，而他們的需求也不該是你的責任。

你的人生不是用來滿足別人的願望，他有什麼願望請他自己去實現，你的寶貴時間是用來滿足自己的，除非那些替別人完成的事也能滿足你。

大叔便利貼

別一直想著滿足別人，如果連自己都滿足不了，哪裡還有餘力去滿足其他人？

59

人生無需時時向前衝，不如順勢而為

如果覺得每天過得不開心，做什麼事情都不如意，老實說，這應該歸咎於在我們花費了太多時間和精神，過分在意周遭環境，試圖改變別人或是控制事情走向，往往結果不如預期，進而導致自己身心俱疲，甚至情緒失控。

那些外在的人事物，都是不可控的，即使耗盡力氣也無法改變，但至少我們可以改變對於事情的反應與態度。只要能先照顧好內在的情緒，自然就會看淡那些外在的事物。

覺得不快樂，通常是被環境影響，而不自覺地與周遭抗衡。逆流而上，那是偉人看到魚在做的事情，我們一般人想要逆流而上，肯定會精疲力盡，甚至撞得全身是傷，還未必能夠前進。因此，應該要學會如何順勢而為，這樣才會能讓情緒輕鬆一點、生活愉快一些。

人生就像天上的浮雲，看似自由，其實身不由己，只能隨風而動。有些事，不是自己不在意或做不到，而是在意了又如何，能做卻不該做，或是該說卻不能說。對於這樣的情況，只能盡量看淡。但，也不是指別管他人閒事，只是希望能夠把有限的時間與精力用在自己能力所及的事情上。

想要做到最好，這樣的態度當然很棒，不願輸人的鬥志也值得讚揚。但如果局勢的走向或眾人的態勢已經很明確，想要憑一己之力再把它拉往期望的方向是不太可能做得到，不如順應情勢，轉換心情去看待眼前的事情，至少別讓生活那麼苦悶，說不定還會學習到不同以往的經驗。

沒有人要你一直向前衝，人生可以不必一直過得那麼辛苦，何必老是要

 # 埋頭苦幹

每個老闆都期望員工這麼做，最好連身體都埋了，不要再出來了。

跟生活對著幹、跟環境唱反調？不如適時放下，跟著態勢走，有何不可？說真的，若硬要依自己的意願，也未必走得比較開心、順利。

難免會有遇到挫折與打擊的時候，不必強迫自己要立刻反擊，那樣做反而是造成生活不快樂的主因。想逃避就逃避，想改變就改變，讓自己硬著頭皮繼續前進，往往只是自我折磨。

順著眼前比較好走的路，並不是隨波逐流，而是在不影響自己太多利益的前提下，順應情勢。生活總是有很多難關，想要順利過關，最佳方法或許不是強行突破，而是試著調整前進方向、改變自己的心情與態度。不要遇到困難就怪罪他人或抱怨命運，有時只是心有不甘，不願順應而已。

如果發現問題並不是順著走就能解決，那就試著找出新的路吧，要記得，人生永遠不會只有一條路。

如果想要日子過得自在，請試著找出自己的強項，並接受缺陷之處，同時欣賞別人的優點，借鏡他人的錯誤。每一件事都有正反兩面，要懂得接納好的與壞的，這世界不會只給美景而不給困境，人們也不會只幫你加油打氣，而不給強烈打擊，只要體認到生命總有起伏，就能在那些不完美之中，處之泰然。

長大未必能事事看開，而是懂得有些事翻翻白眼就過去了。

大叔便利貼

即使有一天走到了谷底，你不一定要再往上爬，如果想直接坐下來休息，那就休息吧。沒人能保證鐵定會爬得上去，也沒有人敢說上面的風景一定比較美。

60

乾脆先別上班了

萬一你發現每天上班只感受到痛苦煎熬，想到公司裡的人事物，就會開始頭痛、想吐，那麼，乾脆別再上班了。有人認為這樣是認輸、是承認自己軟弱無能，甚至會擔心沒有工作會讓家人煩惱、難過。不過，我卻覺得能夠認同自己的身心已達極限，這才是真正堅強且對自己負責的人。

許多人認為強大的人必須擁有鋼鐵般的心，無論眼前多麼艱難，還是能夠不屈不撓、堅持不懈。在身心俱疲的逆境中持續咬牙苦撐，固然是難得的事，卻也是最為難受的，願意接受自己再也撐不下去了，知道自己該停下來了，懂得好好修復自己，不再在乎別人怎麼看待自己，這才是強大的人。

我們無法決定別人怎麼選擇，但可以決定自己如何生活。**疲累了就休息，極限了就示弱，這才是健康的生活模式。**真正的堅強是不需要逞強，能夠承認自己的不足，坦然表現出脆弱的一面。

當你覺得煎熬，當你感到絕望，不如就放下吧——放下的人，最強大。當你懂得放棄，就能放下那些高壓與痛苦；**當一個人選擇不要了，正如同「無欲則剛」，不再追求、不再堅持，自然那些爛人鳥事再也無法影響你。**

之前有朋友分享了他離職的感想。有好一陣子，他飽受失眠與厭食的影響，身心狀態極度糟糕，上醫院求診也沒有明顯的幫助，當他下定決心離職休息後，那些原本困擾身心已久的症狀在很短的時間內全都不藥而癒了。

我相信有很多人為了不讓討厭的人看輕，為了不讓愛自己的人擔心，所以盡力讓自己看起來過得很好。但，願意面對自己的脆弱與困境，正視內心的真正需求，給予身心修復的時間與空間，沒有什麼比這個更值得鼓勵了。

 # 休息
未必是為了要走更長遠的路。有時，單純只是需要遠離壓力、好好放鬆，如此而已。

有些人之所以罹患嚴重的身心疾病，就是個性易於選擇逞強苦撐、不願向人求助，甚至從不好好休息，承受超載的壓力，直到自己的身心被全然的掏空，最後潰不成軍，到那時，一切都已來不及。

真正的休息，並不是單純地睡覺就好，而是要完全放鬆自己的心靈。要做到完全放鬆，首先就是要遠離壓力的來源，從事一些能讓自己感到愉快、鬆開身心的活動，例如瑜伽、冥想、閱讀、運動，或是緩慢悠閒的旅行。

我能理解有些人為了責任、為了自尊，無法下定決心離開職場，可是，這個世上沒有任何事物比你自己更重要，也沒有任何工作值得你犧牲身心的健康。與其等到糟糕的環境把自己逼到完全崩潰，不如在感知到身體發出警訊時，就開始放慢腳步、卸下重擔，好好傾聽內心的需求，給出充裕的時間來修復自己。

有些人非要等到難以挽救時，才會承認一直緊緊抓住不願放手的，其實是自己不快樂的源頭。即使再燦爛的陽光，也會有照耀不到的陰暗；總有不適合的環境，再勉強也沒有用，那只會讓狀況越來越糟。當內心已經在呼喊求救時，不必顧慮他人，放下讓自己痛苦的執念，暫時離開工作並沒有錯，你只是需要時間重新開機而已。

曾經以為一旦失去之後，天會塌下來的大事，在經過一段時間，你就會發現原來都只是生命旅程中一件無關緊要的小事罷了。在那當下，容易執著，容易紛亂，都屬正常反應。人在混亂時，看什麼都是朦朦朧朧的，等心靜下來再回頭看，自然就會清清楚楚。

不過，我們得要不斷地提醒自己，沒有什麼是過不去的，會過不去的只有自己給的牢籠。你會開始慶幸自己放開了難受與煎熬，又有機會重新找回快樂。有時，失去了，反而才能獲得另一種美好。

大叔便利貼

大部分的人事物，只佔生活的一寸一分，唯有身心健康才是美好生活的基礎。與其緊抓著讓自己痛苦不堪的，不如早日放下，調整步伐，修復心傷，重新找回那個平凡卻安然的自己。

61
可以寬容，但不能放縱

成熟的待人處事，不只是抱持著友善體諒的心態，也要懂得看淡世間冷暖，包容不喜愛、不認同的人事物。但也不是放任對方一味做出讓人不舒服的言行，我們可以原諒一次、兩次這樣錯誤的行為，卻不可以視而不見，一定要給予適時的指正，甚至是適度的譴責。否則，只會持續累積自己心中的不快，而對方卻不曉得他的行為已造成他人困擾。有時候，不指正也等於是慢性的傷害對方。

你現在的模樣，是受過去所遇到的人事物影響，一點一滴緩緩地形塑出來的。那些錯誤的判斷，成了難能可貴的教訓，讓你從中獲取經驗與轉變。還有幾位願意直指你錯誤的人，以及花時間帶領你的人，請感謝他們的指導與斥責，你才會清楚明白原來自己的處事方式還有調整的空間，過程中，逐漸也開始懂得如何應對人情世故。因此，你未來要成為什麼樣的人，也將取決於今後能否遇見願意適時指正你的貴人。

並非客氣才是善良；不放縱別人的錯誤，其實就是一種善良。

善良，不一定是對所有的人客氣，不一定是對眼前的事情容忍；更重要的是，要懂得包容做錯的人，並且糾正不對的言行。也別因為他人一次、兩次的錯誤言行，便自此產生了偏見，對事要指正，但不對人批評。就算別人未必會虛心接受，我們仍要給予身為朋友應該有的善意。

對於身邊的人所犯的錯誤不要姑息，同樣的，自己也該對於他人的指正保持開放的態度，也該對於那些真心為你著想、擔心你一再犯錯的人表示感謝。當然，無論再有經驗、再聰明的人，有時說的道理也未必全然正確。我

 # 未來
學生時代經常夢想，進了職場後，沒時間想或再也不敢想。

們可以虛心參考，自己思考出改善之道。

只要對自己的指正是善意的，請虛心接受，不要想著臉上無光，也不要認為對不起人家。做錯了，承認有錯就好，並且記取教訓、日後改進。至少願意承擔的你，總比什麼都不做的人好太多了。

有些人老是習慣為自己的犯錯找理由，但，旁人早就明白那不過是推卸責任的藉口罷了。如果對方願意接受，那是人家給你的台階，不想撕破臉留點餘地，並不是因為你有絕佳的掩飾技巧。我們應該交往的朋友，是誠信正直的人，而不是那種不知悔改的人。

在我們生命裡出現的每個人都有著某些意義，關心你的人給予你溫暖和勇氣，你關心的人讓你學會愛和付出；你不喜歡的人教會你寬容與尊重，不喜歡你的人讓你學會改變與反省。你因為某種原因喜歡或討厭一個人，相對的，也沒有人會無緣無故討厭你或對你提出異議。

那些討厭的事物或錯誤的言行，都有它的意義，若一直放縱下去，就會失去它使人成長的價值，無論是他人對自己的責罵，還是你給予他人的建議，其實都是關愛與善意。

大叔便利貼

寬容別人，但不能寬容錯誤的事情。我們要改正錯誤的事，原諒做錯事的人。

62

勇氣只在必要時展現

我從來不是勇敢的人。在團體中，如果有衝突發生，只要有人跳出來處理，我就不會強出頭；在工作上，如果遇到問題，只要有人願意解決，我便不會表示意見；在生活上，如果碰上不想做或做不到的事，我也不會勉強自己繼續下去。

或許有人會說這就是膽小怕事、自私自保，但我並不在乎別人怎麼看待。我永遠在乎的，除了自己還有身旁的人好不好，如此而已。

只在必要的時候，我才會表現勇敢。曾經我寫過：「勇敢，不代表我們要無時無刻去逞強。」**懂得知所進退，那才是在無常的人生中撐下去的要訣，你只需要在必要的時候、有餘裕的時候，表現出該有的態度。**示弱，並非不可以，若因為個人的逞強造成自己或眾人無謂的傷害，還讓身邊的人擔心，那才是不應該的事呢！

我們需要的勇氣，不一定就是積極面對所有的難關，而是在已經面臨極限的時刻即時反應，適時讓人明白自己也有力有未逮的時候，卻要在能力所及時絕不畏懼挑戰。有餘裕、有能力卻還是不願出手的人，那才叫真正的懦弱。

你不必成為一個無所畏懼的人，只要做一個願意承擔責任的人就好。能在日常中一肩扛起生活的責任，那就是出眾的勇氣了。

沒有人天生就該具備勇氣，也沒有人一定必須對人事事熱心。勇氣，往往是為了不想造成周遭的人困擾、不想讓他人看不起的無可奈何；而熱心，

 # 退休
意指結束職業勞動後的生活。只是我們光顧著眼前的生活就已經筋疲力盡，沒有閒暇再去妄想那時的生活。

通常都是面對那些惡意欺騙、不被接受的看得開。一個人願意選擇對不熟悉的人熱心，我們真的該為這樣的勇氣掌聲鼓勵。對這樣的人而言，就算真的有人對不起他，但他還是一如往常，只因這些都源自他的初心，也是他認為該做的。

對於不熟悉的人保持距離並不代表怕事或冷漠，而是認為該表現善意與付出自我，會視時機與對象而有不同的做法。勇敢與否、熱心與否，都取決於自身的價值觀去評斷，卻未必是正確的。在我來說，**願意在自己認為值得的人事物上付出時間與能力，就是一種難得的熱心；願意在自己未必認為值得的人事物上付出，就是一種值得歌頌的勇敢。**

有時不必太逞強，也不必硬撐，搞不好撐了半天，別人也未必在意。因為大部分的人在意自己眼前的事物都來不及了，根本無暇再去關心其他人的感受。

只要好好照顧自己，為值得的人付出努力，這樣就夠了。另外，也要懂得願意放下，放下之後，反而會獲得無畏的勇氣，也能承受一切的失望和謊言。只因為無所謂了、都可以不要了，你就什麼都不怕了。

勇氣只在必要時才展現，強出頭只會更容易嚐到苦頭，人生路要走得長久、順暢，最重要的是還能好好地走，如果倒了下來、撐不下去，空有勇氣又有何用？

為了面子而逞強是最傻的，唯有平平穩穩往目標前進才是最實在的道理。

大叔便利貼

當你什麼都不在乎的時候，那才會展現出真正的勇敢。你的勇氣只需展現在你重視的人事物。

63

讓自己開心是人生的唯一目標

我偶爾會聽到有人想成為眾人喜愛的明星，或是想成為呼風喚雨的大企業家，也曾聽過有人的夢想是什麼都不想做，只要有錢就好了。我常常想，很多人的目標是成為有錢、有名或有權的人，為什麼不是成為快樂的人呢？

我希望你的目標是——讓自己開心。如果成為大明星、大企業家能夠讓你開心，就朝著這個目標去努力吧；如果變得有錢、有名或有權可以帶給你快樂，那就想辦法成為那樣的人吧！

在努力追求夢想的路上，總會深陷工作與生活兩頭燒的狀況，很容易不知不覺中把自己困在一個框架裡，忘了什麼才是原本的自己，忘了什麼才是開心的生活。因此，我才希望人生最重要的目標是讓自己開心，別讓日常磨損掉你本來的初衷。

如何讓自己生活得開心？少做些麻煩、複雜和困難的事，心境上就會比較自在。比方說，做事情吹毛求疵，在刁難別人的同時，也跟自己過不去，這樣會開心嗎？或是總在計較著，誰做得少、誰偏心，不然就是計較誰過得好，這樣會快樂嗎？甚至，有些人整天想著要怎麼欺負別人、嘲弄別人，不好好過自己的生活，每天都在傷腦筋、一有機會就找碴，這樣能放鬆嗎？

不妨就看開一點吧。不要讓壞心情毀掉每一天，別把時間浪費在不值一提的事情上。很多人都說我脾氣很好，其實我只是把很多事都看得很淡，才能讓日子過得自在。

雖然每天汲汲營營追求著成就與名利，可是真正需要的並沒那麼多。其

 # 歸零

回歸原點。只是往往不記得自己的原點是什麼模樣了。

實，我們想要的，不過是平安健康、開心自在的生活，如果能夠做點對自己與身邊的人有意義的事，那就更棒了。生活不是只有一種模式，在為數不多的時間中，能做些什麼，將決定了未來的人生將走至何種境界。

一段不長的人生裡，影響我們最多的就是「人」了。只需要與對自己好、讓自己自在的人交流就已經十分足夠，把其他不需要的人際關係都捨棄，那些只是為了攀關係的應酬、因為人情而不好意思拒絕的聚會，能夠推辭就推辭。

決定彼此關係是否繼續的重點很簡單，就是「開不開心」。假使相處起來不自在，卻還強迫自己繼續跟對方來往，何必這樣過不去呢？如果硬是參加不開心的聚會，還會感到加倍的疲累，這豈不是在自虐嗎？

捨棄掉不適合的、不好的，是最基本的人生目標。但我們經常會忘了這個基本，而拼了命去追求那些不屬於自己的、不適合自己的人，而忘了珍惜身邊擁有的。

留不住的，不必執著；留下來的，懂得惜福。自在的心情便由此而生。

計較容易，看開很難；討好容易，真心很難；嫉妒容易，欣賞很難；痛苦容易，開心很難；批評容易，實行很難。當大家都習慣容易的，不如我們來試試困難的？

大叔便利貼

做讓自己開心的事，選擇讓自己開心的人。

64

量力而為不是懦弱的表現

記得剛踏入社會時，三不五時就會聽到前輩語重心長地對我說：「趁著年輕，有機會就要把握，盡力向前衝、往上爬」之類的話，明明應該是激勵，但語氣卻聽來有些微妙，像是鼓勵又像感嘆。等我到了現在中年大叔的年紀，竟也漸漸體會當初長輩們的心境。

為了家人，為了孩子，很多人克盡職守，庸庸碌碌大半輩子，一回首，才發現還有很多想做的事情沒去做；或是感慨自己成為了現在的模樣，跟當初的理想不一樣。然而，一切早已時不我與，如今的環境、體能與心力都不如從前，難以扭轉局勢。

不必感嘆自己的境遇，就算再讓我們重頭來過，說不定到了某個時間點依然還是會後悔。成為什麼樣的人，並非一蹴可幾，是慢慢累積而成，沒有那麼容易改變。而且，**年輕時的我們，希望凡事盡力而為；後來的我們，只求一切量力而為。這只是人生每個階段想法的轉換，沒有什麼不對。**

當我已經過了盡力而為的年紀，現在反而明白許多事量力而為就好，甚至還覺得，如果年輕時就懂得量力而為的想法會更好。**為值得的人及懂得感謝的人盡力，遇到不知珍惜、認為理所當然的人還是量力就好。我們的能力與時間有限，只夠對有限的人好。**

不必事事都拼盡全力，我們不可能有源源不絕的力氣，總會有力不從心、無能為力的時候。一定會有某個時期，就算已經用盡了百分之百的力氣，也無法使事情往前一步，只能在原地空轉，彷彿就是白費力氣。認清自

 # 倚老賣老
一種只會依靠自己年長來指使他人的行為。殊不知年紀是最不需要努力的事，隨著時間，我們每個人都會有。

己能力有限，能夠把握住的也有限，何不將自己有限的力量用在能力可及的人事物上。

盡了力卻得不到相等的收穫，反而會讓人更挫折、更失望，不如把時間留給自己喘口氣，偶爾放鬆一下也沒關係，人生不會非得盡全力去完成某件事才行。

或許，有些人會覺得對事情無能為力很沒用，也許有些人會覺得對眼前的困境束手旁觀很懦弱。當你認為自己很脆弱時，想想其實每個人都有這樣的時刻，你我都一樣。但，正因為如此，我們才需要相互體諒、彼此扶持，不然，誰也沒辦法獨自走向幸福。

脆弱，讓我們明白不足之處、懂得謙遜。不行還裝行，那才是讓人感到無力。很多人把自己搞得灰頭土臉，有時是因為他們不知好歹、頑固逞強。

人生如此短暫，真的不必施加太多壓力在身上。承認自己能力有限，是一種讓自己卸下重擔的解放。沒有人是無所不能的，懂得量力而為的奧妙，日子才能過得更自在、更開心。

不要認為量力而為是懦弱，這不過是想要好好照顧自己的表現。將原有的武裝全部卸下，進而欣賞那個最真實的自己，不要一直自認為不夠好，沒有達成別人的期望，只要盡了力，便不再對任何人有愧欠。

在這世界上，你，才是最該照顧自己、對自己負責的人。

大叔便利貼

人生大概有三分之一是「無能為力」，剩下的則是用來「抱怨自己無能為力」。

65

忽好忽壞才叫人生

無論是好的或壞的人事物，一旦來到了我們生命之中，都試著去接納吧，對於好的心存感激，對於壞的要有所體悟與承受。每一件事都存在正反兩面，人生不會只給你平坦的道路，而不給你崎嶇的陡坡，有時會給你很棒的獎賞，偶爾也會給你一點教訓，唯有學習逆來順受才能好好過日子。

覺得生活好寂寞時，咦，愛情忽然就來了；才剛感到有一點點幸福時，結果就發現那個沒良心的劈腿了；淚都還沒有流乾，不得不出門上班，在公司忙得兵荒馬亂根本沒時間流淚，卻因為工作表現被主管與客戶稱讚；好不容易從工作中獲得一點點成就感，又被眼紅的同事在背後射了一箭；當你氣憤到快要捏爆滑鼠的時候，上網兌獎發現前天買的樂透彩券中了四百元，於是決定回家之前先好好吃頓大餐犒賞自己，當松阪牛送入口中頓時覺得好幸福。

人生不就是這樣嗎？在各種好事與壞事、順利與不順之間不斷循環。

沒有什麼低潮是可以閃過的，但也沒有什麼低潮是跨不過的。那些糟糕的經歷最後將是你成長的勛章，或是微不足道的過場而已。就好像當初你以為好慘、完蛋、死定了的事，如今回頭一看，其實是自己嚇自己，現在還是過得好好的。讓我們過不去和不開心的，通常都不是別人啊。

樂觀的人並非不會出現負面的想法，只是他們會盡量不讓負面情緒影響到生活。內向的人不會變成外向的人，悲觀的人也很難成為樂觀的人，學會怎麼排解那些不好的情緒才是真正要學習的功課，懂得如何面對不好的經歷，才是真正要過的關卡。不必一直責怪自己或為難自己，現在的看得開，

 # 朋友圈

經常往來的社交群體。很多人會說，要多與成功人士往來，但我覺得你應該先思考的是：成功人士為什麼要與你往來？

都是用過去的看不開換來的，你終究能夠平安無事地走過低潮。

我生命裡最棒的成長，就是我不再為生活上的不順遂煩惱太久。因此，才能夠真正放開心，繼續做該做的事，繼續對我認為值得的人付出，不帶給自己與別人壓力。只有在我們看淡了外來的挫折時，才會得到內心的平和。

生活的日子經常在懶惰與振作之間拉扯著。在「明明不想去面對那些鳥事，還是告訴自己不能輕易被打敗」的心情下出門；在處理那些鳥事時，又開始想著「我為何要在這裡面對這些，好想在家發懶哦」。萬一，某天真的發懶，請假或乾脆離職待在家，過一陣子又開始心生愧疚，覺得「這樣好廢，還是乖乖出門工作好了」然後，等再遇到鳥事時，又開始厭世，生活不斷重複著類似的心情。

不過，我們就是這樣的人啊，在懶惰與振作、抱怨與發憤之間取得平衡，經常發懶，有時振作，不時抱怨，偶爾發憤，這才是人生啊！人生好難，但好好過日子並不難。

大叔便利貼

人生總有挫折，未必出現在艱苦的時候，而是你過於大意與在意的時候。

66

如果還可以盡力，那就撐下去

不管是工作或是生活，我都會抱持著量力為之的態度，能做就盡量做，不能做就不勉強，隨時替自己留條後路。但也不是遇到一點挫折或困難就輕易放棄，而是**只要自己還有餘力就繼續撐下去，否則，那只是單純的不想努力與自我放棄。**對我而言，至少要真的盡過力，才能問心無愧地說已經無能為力。

我們所做的任何努力，不是為了討好誰，更不是要證明給誰看，而是對得起該負的責任。畢竟這是我們的人生，堅持下去所得到的，依然是自己的；放棄後所失去的，當然也算在自己身上。在工作上，能願意撐下去，不必有什麼崇高的理想，只是為了將來有一天能夠跳出討厭的生活方式而已。

千萬別把自己看輕了，你的潛在實力遠比想像中還要雄厚，別怕做不到，只要好好把握每一次機會，你根本不知道自己有多優秀。你的堅持就是指引，你的能力就是本錢，你的未來則是最佳的動力。等真正碰到極限，那時再放棄也不遲，至少曾經堅持過、努力過，保留一點力氣，下次再重新開始也不晚。**成功是屬於願意堅持的人，機會是屬於願意嘗試的人，再起是屬於記取教訓的人。**

有時，追求過於輕鬆的路，反而會走向辛苦的國度。凡事只想著偷懶、推託，或許在當下確實能夠比較輕鬆，可是這些一次又一次的輕鬆會像淤泥一樣，慢慢沉澱在腳下，不僅拖住了自己的步伐，也把通往目標的管道堵塞住，屆時你的辛苦與困難將會一次爆發。偶爾的放鬆，是必要的舒壓；太常放鬆，反而會變成無形的積壓。

 # 事必躬親

一種會讓共事者覺得「靠，都你來做就好了，還要我們幹嘛」的工作狀態。

如果你在職場上打拼，這表示還願意做，總比什麼都不做來得好。只要肯做，就能累積一點什麼。也不要傻傻做、乖乖做，要懂得在工作中累積經驗、累積人脈，當到達一種程度，自然就能預見美好的未來。**工作總是讓人動不動想離職。但，請放心，生活終會逼著我們就職。**

如果你還是學生，希望你用功讀書，這不是為了跟人比較分數高低，而是為了將來可以選擇想要的工作，可以維持有意義的生活。只為當下的成績努力，那是無用的事；讀書從來就不是為了父母，也不是為了老師，而是為了自己的將來，是為了讓你未來的生活有尊嚴、有成就，那才值得撐下去。

或許你後來會發現，最踏實的未必是能夠達成了什麼，而是堅持下去的過程讓你問心無愧。達成目標可能不容易，可是願意堅持再接再厲、在能力範圍內全力以赴，即使最後沒有達到理想的目標，只要吸取經驗，將來還是有機會贏得更漂亮。

大叔便利貼

在學快一點之前，先讓自己慢一點。越努力衝刺的時候，越需要休息的時間。

67

明白你我的差異，看淡彼此的誤會

盡量讓自己開心，是人生最重要的事。但，往往讓我們不開心的根源是「人」，有時是別人，但更多時候是自己。

會有不開心的情緒，多數原因歸總下來，應該就是「比較」了。在意別人比自己有人緣，羨慕別人比自己有才能，嫉妒別人家境比自己富有，總是拿比自己好的事物做為標準，也難怪快樂不起來。

有天分、有才能，當然讓人欣羨。不過，像我們這種沒什麼天分的人，別總只想著羨慕然後自我放棄，這會讓自己與對方的距離越來越遠。**我們或許做不到一直努力，但至少要做到別輕易放棄。努力也許未必做得到，可是放棄了，就鐵定什麼都沒有。**要超越有天分的人很難，但，緊跟在優秀的人後面卻可以試試看。

至於別人家境優渥，那是他們家祖上庇蔭，老實說，這個社會確實存在著富權階級，但也不是非得要加入原本就不屬於我們的世界，而是想辦法創造出屬於自己的世界。或許在你的世界裡，富權的價值不具意義，能夠成就想做的事才是真正的價值。你的價值不是由家世賦予，應該由自己雙手來創造。

他們的出眾，都是眾人對他們外在條件的羨慕所產生的投射。坦白跟你說，每個人都在羨慕別人，我也是。不過，如果你光看別人外在的光鮮亮麗而感到羨慕，那些奪目的身影背後可是用了多少的汗水與淚水所堆積，卻都是沒被看到的。

 # 榮譽感
自身價值得到了群體價值的認可與肯定。不過，現在大部分的人會說：「給我錢就好」。

每個人的想法都有差異。人的價值觀是很微妙的，比方說，有人跟我借了五百元，如果真的有困難，其實不用還也沒關係。但，萬一損壞了我買的書，就算一本市價約兩、三百元左右，我也會不開心老半天。世上事物在你我心目中的價值並不盡相同。

我們總認為自己的價值觀是正確的。不妨試著尊重彼此的差異，不將自己的價值觀強諸在他人身上。仔細回想，我們會覺得某些人的思考方式與邏輯莫名其妙，說不定對方也是抱持著相同的心情在看待我們。再進一步思考，彼此的成長環境和親友圈全然不同，平時接觸及感興趣的事物也相異，最後會形成南轅北轍的思考邏輯與價值觀，也是很自然的事情。在邏輯與價值觀有很大差異的情形之下，雙方根本無法理解彼此的想法，甚至聽不懂對方的說明。

唯有明白彼此的差異，才能看淡彼此的誤會。放下成見、放低姿態，心平氣和化解一時的不順眼，做出部分的妥協，才能有效溝通，心情也比較容易放得開。

體貼別人的感受，或許並不一定會獲得相同的對待，這樣至少不會變得惹人生厭。不要一味認為別人對你不夠好，很可能對方也認為你對他有偏見，別一直用自己的標準去期待，這會容易受到傷害。不如試著把自己的要求降低，畢竟不是每個人都能給予符合你所期待的付出，而你也不會為了過度期待而不開心。

對某些人有意見，有時只是雙方的想法或生活習慣不同而已。不合就是不合，無須白費力氣去爭辯，珍惜彼此理解的人，體諒那些不懂你的人，也看淡那些你不懂的人。對於他人的不理解，真的不必在意，因為還有更重要的事，那就是——讓自己開心。

大叔便利貼

與其在意彼此的差異，不如把一切心力用來創造人生的意義。既然差異是必然，更要想辦法創造出自己獨特的價值。

68

成為大人的學習

「你有開車嗎？」

「沒有耶，因為捷運和公車很方便，平常用不到。」

「我認為車子不是單純用來代步的，獨自坐在裡面的時候，可以暫時把現實隔離在外，回到原本的自己。」

曾經有人這樣跟我說起開車的好處，坦白說，當下真的被他最後那段話給說動了，而有了想買車的念頭。應該有很多人經常出現過這樣的感覺與心聲——起床好累，擠捷運好累，面對同事好累，面對主管好累，面對客戶好累，甚至回到家、面對家人也好累。

當學生時覺得上課好累，放完寒暑假，開學日就像是來到了地獄門口；出了社會後才明白，每天上班前就像開學日的心情，而且還沒有寒暑假。

年輕的你別太擔心。現在看到年輕人的生活，我也會覺得若能回到青春時光多好，但接著想到自己年輕時過得亂七八糟的，還是算了吧。你現在會迷惘、會寂寞、會無奈，或感覺混亂，都屬於正常狀態，任誰都曾有過。即使我活到了這個歲數，依然還是會遇到身不由己也無能為力的時候，只是稍微習慣一點而已。

不要以為長大就看開了，說不定會有更多看不順眼的事；不要以為長大就有經驗了，說不定會遇上更多不懂的事；不要以為長大就會應對了，說不定會有更多不想面對的人。放心，你不會那樣就被擊倒的，或許不一定會變得更好，但至少會更懂得面對那些不好。

 # 讓步

退後一步以禮讓他人。很多人認為這樣是吃虧、認輸，事實上，更多時候若不這樣做，只會輸更多。

終於到了某個時候，好像對於身邊許多不順眼的人事物都能接受了，這並不代表你的忍讓功力大增，而是已經認清自己沒有超能力可以改變任何事。終於，你對於許多事物的不了解開始釋懷，畢竟時代一直在進步，全新的方案與工具不斷出現，我們只能努力吸取新知才不會被淘汰。終於，你對於無法跟某些人溝通開始感到正常，因為到頭來能依靠的，還是那幾個與我們志同道合的夥伴。

常聽人說老人家好面子，但對於已邁入中年的我來說，並沒有這樣的問題。反倒是更**明白很多事情不必逞強，沒有把握的事情要懂得知所進退，不清楚的問題不必裝懂，虛心學習保持進步，這樣才是真正的保全面子吧。**

或許，你想知道還要努力多久才能有所回報，半年、五年，或是十年？沒人可以打包票。無論何時，最重要的是能不能撐得到那個時候。撐下去的過程很辛苦，我懂，做為曾經在人生谷底數年的生還者，雖然現在也沒有好到哪裡去，至少我從非常糟糕的過程中撐過來了。如今的我，懂得別把自己逼得太緊，設法走得更久才是務實。

生活不容易，會感到疲累很平常，每個人都懷抱著屬於自己的煩惱在前進，要學習適時放下與停留。有時，不是我們身邊的環境使人憂鬱，而是你用憂鬱的心態看待所處的環境。

當人生走到一個階段，你就會發現不一定要死抓著夢想，沒有夢想可追的日子其實挺不錯的。

年輕時，我們只能跌跌撞撞地摸索，看不清眼前的道路，分不清該在哪一個轉角改變方向。年紀再長，漸漸變得無所謂，反正還是看不清前面是什麼，那就跟喜歡的人與興趣相投的人手牽著手，緩慢地，小心前進。安全第一，因為年紀大了可經不起跌倒這件事呢。

大叔便利貼

所謂的成熟，不會讓你變成無敵超人，也不會變成萬事通，而是明白自己的缺點，懂得彌補自己的不足，以及減少自己翻白眼的次數。

69

適當的不悅，展現底線；無謂的遷怒，使人憤怒

在人際關係中最忌諱的就是動怒、對人發脾氣，因為生氣是無法解決問題的，甚至，會衍生更多的問題。

雖然不可否認，在領導管理上，適時適度表現出不悅的情緒，有助於讓部門組織裡的成員明白管理者對於某件事情的底線在哪。然而，一般的人際交流中，沒有人喜歡被發脾氣，那是一種不受尊重的感覺，如果是莫名其妙被遷怒的話，任誰都會不開心。

別把自己的不順遂、不開心，牽扯到不相干的人身上。發洩有其他管道，對著不相干的人宣洩，那是不成熟的處事態度。自己的情緒要自行排解，自己的問題要自行解決，別人不該負責你的不順遂、不開心。唯有好心情才能做好事情。你有壞脾氣，人家未必要跟著受氣。

大部分容易動怒的人，以為事事在針對自己。事實上，人家根本沒有在意，你沒有那麼重要，不會有人時時刻刻把你放在心裡。

對於身邊那些經常會胡亂動怒的人，請不要默默忍耐。忍耐不是美德，只會讓你更無辜、更鄉愿，說不定人家對你兇久了還更兇得理所當然。一次、兩次也就算了，如果每次不開心就對其他不相干的人發脾氣，你應該要直接反映，他可以宣洩自己的情緒，為何我們不能宣洩內心的不滿？要讓他明白排解情緒的方式有問題，這樣有助於彼此的身心健康。

良好的與人相處之道，並不單純只是抱持著友善、體恤的態度，也要懂得排解自己氣憤、煩躁的情緒，公事與私事分清楚，別把私人情緒帶到工作

 # 應變措施
規劃好若遇到突發狀況的做法。例如，談好的職缺臨時變卦，你便立馬跟主管說：「之前被髒東西附身，媽媽已經帶去清乾淨了，所以辭呈不算」。

上，也不要把工作上的卡關、停滯牽扯到不相干的親友身上，成熟的人就該做好情緒管理。

對於眼前的停滯，若你已經對該做的盡心盡力、對該說的充分表達，卻依然沒有得到預期的結果，或許該選擇的是別再勉強撐下去。將眼前的無奈與無力統統放下，好好梳理心情再重新開始，而不是把不滿的情緒垃圾往別人身上倒。

除了情緒管理，我們也要注意自己的言行是否會讓旁人感覺是在「關係勒索」。

當一個人打著「因為我是你爸爸」、「我們是夫妻」、「我是你婆婆」、「我們是好同事」，「我們是好朋友」之類的口號，而要求你做不願意的事，那並不是對彼此關係的肯定，而是對方在不自覺中把自身的需求或不安全感加諸在你身上。

如果你清楚察覺自己會在不知不覺中做出這樣的言行，我期盼你能學習慢慢轉換角色。若你已身為父母，要明白一件事：孩子是獨立的個體，他們有自己的人生，並不是你們未竟志願的延伸，別用親情來威脅、勒索，藉此達成自己的要求。

不妨學著別再把對方當成父母、兒女，而是將對方視為平凡的長輩、尋常的年輕人，用對待外人的態度尊重自己人，用友善客氣的語氣溝通，對於對方的尊重與友善也表示感謝。

不要求別人不想做的事，不說出自己也會討厭的話。有一天，你會明白彼此是牽絆，不該是束縛。

大叔便利貼

有些人說話很粗俗、難聽，不過內心是善良的，關心並願意力挺朋友；有些人說話很斯文、好聽，但內心卻是充滿惡意的，比什麼都可怕。

70

做對社會有益的事

曾經在報導中讀到柯達（Kodak）創辦人喬治・伊士曼（George Eastman）說過：「我們工作時間做的事，決定我們擁有什麼；我們閒暇時間做的事，決定我們成為哪種人。」

我也曾寫過：「時間很公平，你怎麼運用它，決定你怎麼擁有它。」

一般來說，我們日常所從事的活動都是以「利己」為出發點。為了讓自己和家人擁有更美好的生活，所以勤奮工作、盡力完成公司所交辦的任務。

因為與家人出遊踏青感到愉快，與好友一起逛街、聊天能夠紓解壓力，所以你喜歡花時間做這些事。這是我們生存的動力，也是取得平衡的生活模式，但，除了做這些事以外，有機會也該做一點「利他」的事。

或許，有人認為要求得溫飽的日子已經夠辛苦了，實在沒有什麼餘力可以幫助他人。**其實要做對社會有幫助的事，不一定是犧牲小我，也可以不必花費太多的時間與精力，多使用大眾運輸工具、不亂丟垃圾、少取用塑膠袋，或減少使用冷氣，這些看起來都是生活上的小事，但對社會卻是非常有幫助的好事。**

我以前也是開車族、機車族，開車出門不用擔心風吹日曬雨淋，騎機車出門便捷、機動性高，不過，後來我把汽車賣掉了，機車只有偶爾在住家附近採買時才會使用。因為我發現，在臺北開車根本是花錢找罪受的行為，上下班一路塞，進市區找車位更是一位難求，現在捷運與公車網絡很密集，搭乘大眾運輸工具還比較方便呢。根據資料統計，每減少一輛車子，一年就能減少約五噸左右二氧化碳的排放量，對減緩地球暖化多少有一點幫助。

 # 細節

微小的事物。有人說你注意的事或擔心的事九成不會發生，可是，只要那一成的機率發生，你就死定了。

盡量減少使用塑膠袋、塑膠製品與拋棄式容器，這些東西你以為丟掉就沒事了，事實上，它會一直存在地球的某處並不會消失，說不定等到我們已經離開這個世界了，它還是依然存在著。無法輕易被分解掉的物品，對於環境當然是巨大的負擔，**生活上的舉手之勞，卻是對環境友善的明智之舉。**

日常裡，還有許多我們可以輕鬆幫助到社會的事，比方說，隨手關電器、不暴飲暴食、不浪費食材等等。另外，在工作上，也要時時思考自己做的事情對於這個社會有什麼樣的助益，不一定是要多麼偉大的志業，讓人開心也是一種功德，使他人在生活上更便利也是一種貢獻。想想自己能怎麼幫助社會，讓工作更具意義，也更有使勁的動力。

成為大人最好的部分，就是慢慢清楚對自己好的方法，就是對別人也好。除了自愛，也能把愛分享給身邊的人，我們不需要犧牲奉獻完成什麼大愛，只需要珍惜與體貼，就能幫助到這個社會。

什麼是最重要的？我覺得沒有什麼比讓自己與身邊的人都能變好還重要

了。珍惜身邊的資源與環境，對他人關懷友善，就能讓自己與身邊的人一起變好。

大叔便利貼

行有餘裕時，多做些「利他」的事吧，做這些事的益處最後都會回饋到我們身上，終究會變成「利己」。

71

坦承面對不足，反而成長了

我們常說做人處事要有自信，然而，要明白自己的能力極限在哪裡也是很重要的功課。

《四重奏》是一部探討婚姻、愛情、人際關係、工作與人生許多面向的日劇，我很喜歡。劇中有一段台詞：「達不到一流，卻認不清現實，還有什麼資格堅持所謂的自尊。現實就是這麼令人難過。有志向的三流，那就是四流了。」這是對一個人才華不足非常尖銳直接的一段話，不過，卻是非常實際、一針見血的建言。

任誰都有極限，一定會有自己能力無法觸及的時候，再怎麼拼命也沒有用。必須認清有些事情我們是難以勝任的，又不是三頭六臂的怪物，不可能事事都有把握，能夠做好的事十分有限。**如果堅持下去會讓你有更大的挫折感與無力感，不如坦誠面對自己的不足，不行就是不行，累了就是累了，偶爾失敗並不是世界末日，而是重新獲得學習與沉澱的機會，人生不一定要十項全能。**

或許有某個職位無法勝任，也許有某件工作處理不來，可能有某個問題想不清楚，請別灰心也別自責。**那些看起來遊刃有餘的人，也不過是用曾經遭遇過的緊張、徬徨與犯傻所換來的。**就算眼前的事情他可以處理得好，換個領域，說不定是你比他高明很多。

做不到，難免覺得羞愧，那是很正常的反應，代表你看重所做的工作，重視任何能表現的時刻，並且願意負起責任。當無法達成目標的時候，自然會覺得對不起信任自己的同事、長官。這時，就坦承無法達到就好，記取教訓後再盡力改進。可惜的是，有些人會習慣性為能力不足找藉口，明眼

 # 廢材
意指沒用，連當柴火燒掉的資格都沒有。但，不會被燒掉也滿好的，不是嗎？

人一看就知道那些藉口的真正原因為何。我們的大方承認，反而是給自己留餘地，至少別人會認為你是坦白的人，做得到就是做得到，做不成也不會勉強。相信大家喜歡一起共事的，都是正直、負責任的人。

不必為了要讓別人看得起而逞強，非得要做出什麼證明，小心只會適得其反。明明做不到的事，因為想讓別人另眼相待卻勉強而為，成果通常是欠佳的，反而給了別人更多看輕、嘲笑的理由。這世上會莫名討厭我們的人永遠都不缺，畢竟我們無法一一去滿足每個人，別為了他人無聊的眼光就打了自己耳光。

經過一次又一次的考驗，我們在闖關後能夠獲得成長，其中最重要的關鍵在於心態轉變。因為做不到或做不好而被人譏笑、議論，無論資歷多深、年紀多大，會傷心的還是會傷心，會氣憤的還是氣憤，並不會因為資深或年長就變得刀槍不入。

唯有心態轉變，不再為了無謂的顏面而逞強，懂得接納天生的不足，明白某些時候的好勝勉強才是扯人後腿，盡力做好能做得到的事，努力把握雙手抓得住的東西，這才是真正的成長。

承認自己能力不足，可能會被人責難批評，可以檢討改善，但不必小看自己。生活有太多突如其來，總會無預警地給我們挫折與功課。有些是輕輕的一擊，或給你時間去改善、去接受，這對我們是很好的提醒，應該心存感謝。

大叔便利貼

別把自己的生活當成一場賽事，而是一趟旅程，或許你會過得比較舒服一點。

72

當一個溫暖的人

曾經有人問我，怎樣才能成為有用的人？首先，應該要先定義何謂有用的人，是賺很多錢？得很多獎？還是做很偉大的事？答案未必如此，所謂的「有用」，在不同的人身上都有不同的意義，你的成就或存在，在不同人的眼中自有不同的評價與期望。

有些人會希望你在職場上或課業上有傑出的成績，有些人會希望你能把家庭照顧得很好。但，我並不認為非得一定要如此優秀，或是對社會多麼有貢獻，其實只需要做個溫暖的人就已足夠。

總會出現對未來迷惘或前進不了的時期，日劇《奇蹟之人》男主角一澤是個值得分享的的例子。他是個對搖滾樂有滿腔熱血卻毫無天分的傢伙，夢想著成為搖滾樂手，最後連房租都付不出來。一點都不積極努力賺錢就算了，還其貌不揚、腦袋不靈光，看起來註定就是個魯蛇；可是他擁有著像傻瓜一樣的善良與天真，最後還決心幫忙照顧一個天生失明失聰的女孩，把改善她的人生視為己任，就算在照顧她的過程中遭遇了許多挫折，他仍然不斷嘗試、決不放棄。在很多人眼中，他確實是人生輸家，但是在小女孩與她的家人心目中絕對是天使般的存在。

因為《奇蹟之人》，讓我想起曾經讀過的一段話：「我們來到這世上，不是為了傷害或抵毀別人，而是為了照顧與幫助別人。」

無論是在職場或生活上，每一個在你生命裡出現的人都有其意義在。難免會有刁難你的人，可是他們卻能喚醒你潛藏的能耐；偶爾會有看衰你的人，可是卻能提醒你有哪些地方需要更加努力；當然也會有支持你的人，他們讓你清楚自己並不孤單。珍惜與這些人相處的機會，或許我們無法跟每個

 # 假日
一種「勞工拼命想要爭取，老闆努力想要減少」的日子。

人都處得來，也無法幫助到每一個人，但總會有需要你、期待你的人出現，對於這樣的人請別吝於伸出手協助，可以給予別人一點溫暖，代表我們還有力量。

能夠給予他人溫暖，就是對社會有用的人。對我來說，即使像一澤那樣在一般人眼中看似沒前途的人，他能努力幫助失明失聰的女孩，盡力去改善她的生活，便成就了一段有意義的人生。**你不必成為每個人的太陽，只要成為某個人的暖風，你的存在就有了意義。**

如果可以，希望你也試著體貼身旁的人，任誰都難免會有不開心的時候，但自己不開心，不代表也要讓別人承受你的情緒。一般想來往交好的人，應該會用理解、關心和體諒，讓周遭人的心裡感到舒服。願意去理解不同立場，才是真正的成熟。多去理解與自己相異的觀念，才能清楚知道自身既有的想法是否需要調整。

也不要一味認為別人做得不好，說不定是我們的要求變多了、門檻變高了。不能因為習慣了對方的好表現、習慣了別人的付出，然後就不小心把標準越提越高，把別人的好視為理所當然。沒有人可以一直保持著好狀態，也沒有人可以持續著進步，試著珍惜與感謝別人的給予，懂得讚美與鼓勵目前的成果。

給人溫暖並不難，不一定要付出很多時間與心力，只需要在別人伸出手時，願意緊緊握著不輕易放手。

大叔便利貼

當個給予周遭溫暖的人，但若遇到只知利用、計較、不珍惜的人，也要懂得自動降溫。

73

給新鮮人的十個建議

○ 不要以為離開學校就是畢業，直到你離開這世界，才是真正的畢業。

千萬不要天真以為畢業是一種解脫，其實你只是從一個夏令營踏入另一個更可怕、更激烈的戰鬥營，要學習的事物更多、更複雜，卻也更具實用性。如果希望有一天能夠擁有選擇自己想要生活的自由，你就必須持續保持進步、不斷吸取新知。雖然不輕鬆，也很可能一路跌跌撞撞，不過，連大叔這種廢柴都能撐過來了，相信潛力十足的你一定可以做得更好。

○ 學歷或許在你剛踏入社會有點幫助，之後就得靠實力與經歷了。

不要因為學歷不夠搶眼而自卑，因為社會更需要的是待人處事的態度與懂得舉一反三的能力。在職場上，終究要看你適應與學習的能力好不好。也不要因為是名校畢業而志得意滿，雖然你可能比一般人擁有更多的選擇，但也因為選擇變多了，更應好好思考要走的路。身上背負著名校光環，或許會承載眾人更大的期望，別忘了適時釋放自身壓力。

○ 不要盲目追求金錢，先找出生活的意義比什麼都重要。

想要富有很正常，賺錢是必要的。但也不要將人生目標訂在要賺到多少錢，而是先找到自己真正想做的、對眾人有意義的事。唯有從事真正想做的工作，才會有出眾的成果。假使你想擁有不錯的收入，想在事業上有耀眼的成果，那麼，請先摸索出做什麼樣的事情是對自己有意義的吧！

 # 順勢而為

只要站對了風口、風向，就算是大象也能飛起來。處於不利的地勢、位置，就算是大湖也會被埋了。

❍ 上班最重要的修行，是如何與妖魔共處，而不是等天使出現。

在學校，可能會有你不喜歡或時常針對你的人。在職場，因為有競爭與利害關係，更容易出現刁難你、冷落你、排擠你的人；更不時出現個性善良體貼卻能力不足，而會在工作上拖累你的同事。先做好心理建設，不論你到何處，這樣的人隨時都有，難免會打亂了你的生活節奏，這時要迅速調整好步調，因為真正能夠拖垮你的，不會是別人，只有自己。

❍ 不必想著要人緣好，先有本事把自己該負責的事做好。

多數人做決定或工作時，都習慣以別人是否喜歡自己為出發點。平時與人往來，為人體貼、替人著想是優點，可是在工作上卻不該為了討好別人而沒做好自己本來該負責的事。再說，硬要去討好，人家也未必會喜歡你，工作沒完成，人家卻會因此討厭你。你要先讓自己能在職場上生存下去，之後才有餘裕去建立好人緣。

○ 不必成為出類拔萃的人，但要成為一個有韌性的人。

能夠獲得出類拔萃的成就當然值得贊揚，但是我更希望你能夠先成為充滿韌性的人。再怎麼優秀、再怎麼有成就，如果一次挫折就輕易被打垮，最後一蹶不振，那麼，過去再怎麼光榮都失去意義。我期待你就算被擊倒了也能再勇敢站起來，拍拍身上的灰塵，然後重新返回原有的崗位，隨時都可以重新再起。

○ 希望你是善良的，但不必感謝曾經傷害我們的人。

真的不需要特意感謝那些曾經傷害過我們的人。被人絆倒了，能夠再站起來，你要感謝的是自己的堅強。心裡受傷了，能夠慢慢痊癒，要感謝的是始終陪伴在身邊的人。對於那些曾經傷害過你的人，不必心中記恨也不必心存感謝，他們已經成為你生命的過客與成長的經驗，你只需要抬起頭來繼續前進就好。

❍ 所有的努力，不是為了讓別人覺得你了不起，而是為了能讓自己打心底看重自己。

不要為了任何人做出決定，也不要為了滿足他人而做事，更不要為了要證明給誰看而努力。你所做的任何決定都該是為了自己，別人說得再真心誠意，很可能到最後也會成為虛情假意。畢竟他們永遠不會成為你，凡事要以對得起自己為前提來做判斷，這樣的生活才不會後悔。

❍ 別怕挫折，沒有挫折是可以跳過的，從來都不存在沒有原因也毫無意義的失敗。

失敗與犯錯是每個人都會有的，你並沒有比較特別，沒有人可以完全避免，也沒有人可以保證能順順利利過完一生。任何打擊都有它的原因與意義，找到原因，然後改進；發現意義，才能成長。準備與練習，或許不一定可以讓結果更好，可是至少能夠減低失敗的機率，增加自己面對現況的信心。

○ 你或許無力改變社會，但至少別讓社會改變美好的你。

這個世界從不乏狗屁倒灶的鳥事，也隨時都有荒腔走板的怪人，遇到時，或許你會感到無奈與感嘆，從此對社會喪失信心，卻不可以因此而改變了自己。別把腳下的污泥抹到臉上，守住原有的底線與原則，繼續前進，而不是往後倒退，你應該好好守護你本性裡原來的美好。

大叔便利貼

無論聽過再多任何人給的十個建議，最後你依然還是會遭遇到不少挫折，既然如此，何不選擇讓自己心甘情願的方式去面對眼前的難題！

工作，剛剛好就好【暢銷增章版】

作　　者　阿飛 A-fei

責任編輯　鄭世佳 Josephine Cheng
責任行銷　鄧雅云 Elsa Deng
封面裝幀　高偉哲 Weiche Kao
版面構成　黃靖芳 Jing Huang
校　　對　葉怡慧 Carol Yeh

發 行 人　林隆奮 Frank Lin
社　　長　蘇國林 Green Su

總 編 輯　葉怡慧 Carol Yeh
主　　編　鄭世佳 Josephine Cheng
行銷主任　朱韻淑 Vina Ju
業務處長　吳宗庭 Tim Wu
業務主任　蘇倍生 Benson Su
業務專員　鍾依娟 Irina Chung
業務秘書　陳曉琪 Angel Chen
　　　　　莊皓雯 Gia Chuang

發行公司　悅知文化　精誠資訊股份有限公司
地　　址　105台北市松山區復興北路99號12樓
專　　線　(02) 2719-8811
傳　　真　(02) 2719-7980
網　　址　http：//www.delightpress.com.tw
客服信箱　cs@delightpress.com.tw
I S B N　978-626-7288-26-9
建議售價　新台幣３５０元
二版一刷　２０２３年４月
二版四刷　２０２３年７月

國家圖書館出版品預行編目資料

工作，剛剛好就好／阿飛著. -- 二版. -- 臺北市：悅知文化精誠資訊股份有限公司,2023.04
336面；14.8×21公分
ISBN 978-626-7288-26-9 (平裝)
1.CST: 職場成功法

494.35　　112004422

建議分類｜心理勵志

悅知文化
Delight Press

線上讀者問卷 TAKE OUR ONLINE READER SURVEY

要認真努力工作，
但該休息時，
也要記得認真放鬆。

——————《工作，剛剛好就好》

請拿出手機掃描以下QRcode或輸入
以下網址，即可連結讀者問卷。
關於這本書的任何閱讀心得或建議，
歡迎與我們分享 ◡̈

https://bit.ly/3ioQ55B

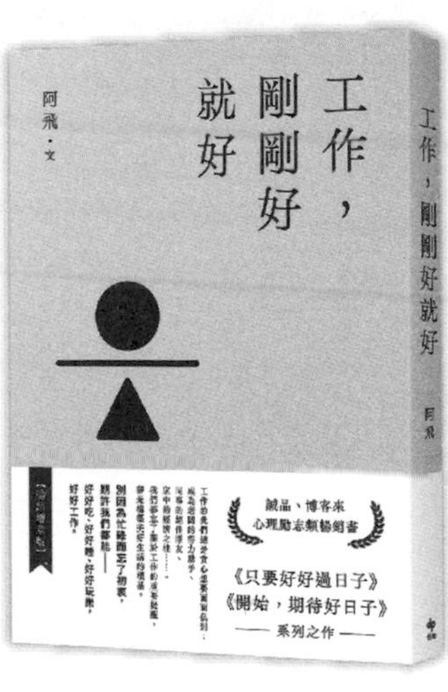